EU–CHINA
EU–China Biodiversity Programme
中国一欧盟生物多样性项目

中国一欧盟生物多样性项目资助
Supported by EU–China Biodiversity Programme

安庆沿江湖泊湿地生物多样性及其保护与管理

Biodiversity and Conservation in Anqing Floodplain Wetlands

朱文中　周立志　主编

合肥工业大学出版社

图书在版编目(CIP)数据

安庆沿江湖泊湿地生物多样性及其保护与管理/朱文中,周立志主编.—合肥:合肥工业大学出版社,2010.9

ISBN 978-7-5650-0259-5

Ⅰ.①安… Ⅱ.①朱…②周… Ⅲ.①沼泽化地—生物多样性—研究—安庆市 Ⅳ.①Q16

中国版本图书馆 CIP 数据核字(2010)第 168313 号

安庆沿江湖泊湿地生物多样性及其保护与管理

朱文中 周立志 主编　　责任编辑 方立松 于 敏

出 版	合肥工业大学出版社	版 次	2010年9月第1版
地 址	合肥市屯溪路193号	印 次	2010年9月第1次印刷
邮 编	230009	开 本	787毫米×1092毫米 1/16
电 话	总编室:0551-2903038	印 张	10.75 彩插 12页
	发行部:0551-2903198	字 数	260千字
网 址	www.hfutpress.com.cn	印 刷	合肥学苑印务有限公司
E-mail	press@hfutpress.com.cn	发 行	全国新华书店

ISBN 978-7-5650-0259-5　　定价:58.00元

《安庆沿江湖泊湿地生物多样性及其保护与管理》
编辑委员会

前　言

安庆沿江湖泊群地处安庆沿江平原，南临长江，北倚大别山，自西向东分别由龙感湖、黄大湖、泊湖、武昌湖、菜子湖、破罡湖、白荡湖、枫沙湖和陈瑶湖 9 个浅水湖泊构成，它们历史上都是通江湖泊，这些湖泊与长江一起构成了独特的江一湖复合型湿地。沿江湖泊湿地因大量泥沙淤积而具有较高的生产力，孕育着丰富的生物多样性。安庆沿江湖泊湿地生物多样性的保护对于维持湿地生态系统的稳定和流域的生态安全、保障社会经济可持续发展具有十分重要的现实意义和深远的战略意义。

安庆沿江湖泊湿地也是长江中下游人口较为稠密的地区之一，随着经济发展，湿地资源的利用强度逐步加大，湖泊湿地生态过程受到严重干扰。近年来，水产养殖业发展迅速，围网养殖使部分湖泊的水生植被受到严重破坏，湖泊湿地保护的形势十分严峻。

安庆沿江湖泊湿地目前是长江中下游地区保存相对完好的湿地，受到了国内外自然保护组织和专家学者的关注。2000 年以前，对该区域的生物多样性状况的认识仍限于 20 世纪 80 年代渔业部门的渔业资源调查，以及国内一些高校和科研机构的零星调查，生物多样性本底仍不清楚。在世界自然基金会(WWF)的资助下，2000 年至 2002 年安徽省林业厅、安庆市林业局组织专家对安庆沿江湖泊湿地首次进行较为全面的生物多样性调查。2004 年在国家林业局和世界自然基金会资助下，安徽大学牵头组织国内外专家开展安徽沿江湿地越冬水鸟调查，2005 年安徽省林业厅牵头再次进行调查，2007 年至 2010 年在中国一欧盟生物多样性项目(EU－China Biodiversity Programme)的资助下，安徽大学、首都师范大学等高校组织人员再次对安庆沿江湖泊开展生物多样性调查。本书是对历史资料和历次生物多样性调查，以及中国一欧盟生物多样性项目实施成果的总结。

本书作者们长期从事安庆沿江湿地生物多样性保护与研究。具体分工为：第一章和第二章由朱文中、张宏、柏晶、张颖执笔，参与收集资料的人员有张黎黎、黄翔；第三章以及附录 1 和附录 2 由朱文中执笔，收集资料的人员有邵建章、姚闻卿；第四章和附录 3 由邵建章、周忠泽、许仁鑫执笔；第五章以及附录 4 和附录 5 由周立志、姚闻卿、徐小雨、万霞执笔；第六章以及附录 6 至附录 9 由周立志汇总统稿，鱼类部分的资料由王忠锁和傅萃长执笔，两栖类和爬行类部分由胡小龙执笔，鸟类部分由周立志、胡小龙、唐仕敏、陈锦云、薛委委执笔，兽类部分由胡小龙执笔；第七章由陈众执笔；第八章由张保卫、罗子君执笔；第九章和第十章由周立志执笔；第十一章由朱文中、姚国华和张宏执笔。全书由周立志、朱文中、许仁鑫和万霞统稿，于敏校对。周立志、周忠泽、周波、袁晓、张宏提供部分照片。

2000年以来，历次参加生物多样性调查的人员有：植物及植被调查：2000—2001年，邵建章（安徽师范大学）；2008—2010年，周忠泽、孙庆业、石先阳、高攀、马淑勇、宗梅、马秀玲等（安徽大学）。底栖动物和昆虫：2000—2001年，姚闻卿（安徽大学）；2008—2010年，周立志、万霞、徐小雨、曹玲亮、周波、王勋、陈军林、陈锦云等（安徽大学）。鱼类：2000—2001年，王忠锁（北京大学）、傅萃长（复旦大学）；2008年，王忠锁、杜桂森、王晨旭、许隆君（首都师范大学）。两栖、爬行类和兽类：2008—2009年，徐小雨、曹玲亮、周波、王勋、陈军林（安徽大学）。鸟类：2000—2001年，胡小龙（安徽大学）、唐仕敏（复旦大学）、朱文中、王康明、张宏等（安庆市野生动植物保护管理站）；2004—2005年，马克巴特（澳大利亚），周立志、贾伟、杨陈、周波、王新建、张有瑜、邢雅俊、侯银续、陈春玲等（安徽大学），顾长明、吴月龙（安徽省自然保护管理站），徐文彬（升金湖国家级自然保护区），曹垒（中国科学技术大学）；2005年、2007—2010年，周立志、陈锦云、周波、王勋、曹玲亮、王勋、陈军林、薛委委、罗子君、张黎黎、黄翔、宫蕾等。此外参与历次野外调查的还有安庆市及其所辖各县（区）林业局的钱旭光、高昌仁、黄松友、齐努力、叶海学、肖全胜、余胜忠、许来生、方正平、周向阳、彭国民、余旭、陈江河、严军等自然保护工作人员。

本书由中国—欧盟生物多样性项目资助出版。在出版过程中得到了安庆市林业局、安徽大学，以及安庆市水产局、水利局、安庆市环境科学研究所，望江、枞阳、宿松、郊区等县（区）水产局及渔政监督管理站的大力支持。感谢安徽大学生物多样性与湿地生态研究所的全体研究生在本书编辑和校对过程中所付出的辛勤劳动。感谢陈家宽教授对书名的建议。

作者
2010年7月10日

目录

第二篇　生物多样性

第三篇　保护与管理

附　录

第一篇

自然地理和社会经济概况

第一章 自然地理概况

一、地理位置和范围

安庆沿江湿地位于皖西南、长江中下游北岸，南临长江，北倚大别山，由长江沿江的山地丘陵集水区构成。湖泊湿地自西向东由龙感湖、黄大湖、泊湖、武昌湖、菜子湖、破罡湖、白荡湖、枫沙湖、陈瑶湖 9 个主要湖泊组成。根据湖泊之间的相互通联关系，可划分为华阳河、武昌湖、菜子湖、白荡湖、陈瑶湖 6 个主要湖群（图版Ⅰ～Ⅴ）。

华阳河湖群（29°52′～30°15′N，116°00′～116°33′E）包括华阳河流域相互通联的龙湖、感湖、大官湖、黄湖、泊湖等湖泊。湖泊面积 96 690 hm^2（其中安庆地区 83 030 hm^2，其余在湖北省境）。

武昌湖湖群（30°14′～30°22′N，116°34′～116°52′E）原与华阳河湖群相通，1956 年华阳河堵坝后被分隔开。包括武昌湖和青草湖，两湖相连，均属皖河下游湖区。现有湖泊面积 12 200 hm^2。

菜子湖湖群（30°43′～31°00′N，116°52′～117°09′E）分 4 片水域，车富岭以下到枞阳镇为菜子湖，车富岭以上到孔城为白兔湖，西部小木咀以上到金神镇、双港铺为嬉子湖，大沙河马踏石以南到高河镇为三鸭寺湖。现有湖泊面积 20 020 hm^2。

破罡湖湖群（30°35′～30°40′N，117°04′～117°11′E）由破罡湖、石塘湖组成，面积6 000 hm^2。

白荡湖湖群（30°47′～30°52′N，117°19′～117°27′E）集罗昌河（庐江县境）、钱桥河、杨市河来水，由汤沟河出江。高水位时，湖水又从横埠后河与陈瑶湖串通。现有面积3 967 hm^2。

陈瑶湖湖群（30°51′～30°58′N，117°34′～117°42′E）分陈瑶湖、枫沙湖、竹丝湖（主要在无为县境）3 片。陈瑶湖和枫沙湖的来水主要是横埠河和丘陵区及圩区的汇水。现有湖面 5 200 hm^2。

二、湿地的形成及演化

1. 地质构造

安庆沿江湿地所在的安庆沿江平原在大地构造上位于扬子台坳中部的东段—沿江拱段褶带。其褶皱构造最明显的特点是呈现 NE—SW 方向延伸的“S”型构造，近似 NE 方向的断裂是本区最主要的构造之一。三叠纪之前接受巨厚沉积（2 000～7 000 m），中生代的断块差异升降运动，致使大别山、皖南山区强烈上升，长江沿岸下降，形成许多断陷沉积盆地。特别由于对老的构造骨架的继承性，新构造运动继续使本区经历一个间有上升、缓慢而不均匀的沉降过程，这种沉降至今未止，从而形成今日长江沿岸的构造地貌轮廓。

安庆沿江平原西狭东阔，大致在铜陵以西受皖西、皖南两山约束，宽度一般只有30～50 km，成为谷地；在铜陵以东逐渐开阔。安庆沿江谷地就是夹峙于皖西、皖南两丘陵山地间的狭长平原。平原上湖泊众多，万亩以上的大中湖泊有龙感湖、黄大湖、泊湖、菜子湖等。这些湖泊的形成虽与河道摆动有关，但根本原因是与近代地壳的下沉有关。

2. 地貌特征

本区早更新统（Q_1）为安庆砾石层，见于安庆、铜陵等地，厚 20～50 m，是一套以河流相为主的沙砾和卵石层，由于经历数次升降运动的影响，通常形成河谷的 3 级或 4 级阶地，从而形成高岗地。中更新统（Q_2）是一套红色蠕虫状黏土，厚约 15 m，多分布于山麓地带，与山系垂直的则形成低矮条形陇岗。上更新统（Q_3）属长江泛溢层褐黄色较密实的黏土与亚黏土，含铁锰结核及其氧化物，层次不清或不具层次，形成侵蚀阶地或准平原，厚 30～40 m，构成长江的 2 级与 3 级阶地，在景观上多呈微侵蚀的波状低丘。全新统（Q_4）是灰黄色、灰褐色的沙土与亚黏土，分布于长江两岸及其支流水系沿岸的河漫滩与 1 级阶地及河床上，厚 50 m，是较低地面。

本区总体是由长江向北逐级升高，以 3～4 级阶地构成其地貌特征。但在构造运动的控制下，随着长江的不断位移，以湖泊、岗地组合而成的地貌较为突出。在湖泊的周围，地势低、水网密度大，形成了大面积湖滨平原或湖滩地与湖荡平原；在距湖泊较远的外围地区，为波状起伏的岗地，经流水切割，形成岗冲相间的地貌形态。按其相对高度和形态特征，又可分为高岗地、低岗地和缓低岗地。高岗地分布于大别山山麓边缘地带即湖泊的北缘，由土、沙组成；缓低岗地主要分布于长江 1 级阶地上，顶部阔平；低岗地主要分布于高岗地与缓低岗地及丘陵之间的过渡地带，由 Q_{2-3} 网纹红土或下蜀黄土组成，岗顶呈浑圆状。

3. 湖泊湿地形成与演化

安庆沿江湖泊湿地是在构造沉陷的背景下演替发育的。第四纪以来，由于新构造运动的影响，在长江中下游地区形成了许多沉降带。安庆区凹陷属于九江洼陷东端。九江洼陷是由大别山东南边缘的北东向断裂而形成的地堑式洼陷，属于南京凹陷的中部一段，它东起安庆，西至黄石一带，西北部与南部紧邻大别山突起与赣北突起。据本区的钻探资料及电测深资料，本区第四纪地层总厚度约 320 m，其中全新世近长江冲积层厚约 65 m。九江洼陷的宽度约 50 km，大致是长江古河床的宽度。

历史资料表明，中全新世长江中下游区域降水丰沛，加上海面上升对河流的顶托作用，致使河水上升，在低洼处潴积成湖，形成了如今包括龙感湖、黄（湖）大（官）湖、泊湖等水域在内的古彭蠡泽。当时该区是一种陆水相间、水流纵横、草木丛生、候鸟栖居的河流洪泛盆地环境，古长江穿泽而过，实际上是古长江的拓宽河谷。到了汉代，长江主泓线逐渐南移，古彭蠡泽不断萎缩，分裂成如今的龙感湖、黄大湖、泊湖。由此可见，安庆沿江湖泊是在大的地质构造控制下，由于长江河道的摆动，洼地积水形成，同时与当时的气候因素也有着密切的关系。

人类活动对湖泊的发育演化也有着深刻的影响，由于水土流失，泥沙淤积，湖泊滩地大面积形成，为围垦创造了有利条件。特别是20世纪60年代至70年代，为了解决湖圩区耕地严重不足的矛盾，湖泊滩地被大量围垦，致使湿地大面积减少。据陆林等(1)统计，安庆沿江湖泊的围垦总面积达79 310 hm^2。与此同时，随着湖泊的开发，湖泊水环境状况也发生了变化。

表1－1　1988－2006年间安庆沿江主要湖泊水域面积

湖泊	1988－2006年间湖泊水域面积/hm^2				
	1988年11月	1992年11月	1996年12月	2001年11月	2006年12日
龙感湖	35 133	33 027	33 073	30 952	27 661
黄大湖	31 479	29 866	27 122	26 397	23 287
泊　湖	20 297	16 811	13 616	14 431	13 548
武昌湖	12 313	10 924	10 567	7 976	6 963
菜子湖	22 645	10 126	10 686	16 544	14 226
破罡湖	14 743	9 482	8 696	9 516	8 385
白荡湖	7 815	5 883	5 662	7 021	5 881
陈瑶湖	5 115	5 636	4 313	4 762	4 401
合　计	1 49 540	1 21 755	113 735	117 599	1 04 352

注：数据自金石宝等(2008年)。

据金石宝等人根据卫星遥感影像数据分析，1988－2006年安庆沿江湖泊水域出现明显萎缩，龙感湖、陈瑶湖等8大湖泊水体总面积由149 540 hm^2下降到104 352 hm^2，共减少45 188 hm^2，减少幅度达30%，湖泊水域面积减少主要表现为大水域面积的萎缩、隔断以及小水域的消失(表1－1)。

三、气候

安庆沿江湿地处北亚热带湿润气候区，四季分明。年均气温16.0～16.5 ℃，1月份气温最低，平均3.5～3.9 ℃，极端最低气温为－13.5 ℃。7月份气温最高，多在28～29 ℃之间，极端最高气温为40.9 ℃。冬季严寒期短，无霜期比较长，无霜期250～258 d。年均日照时数为2 052～2 065 h。年均地温为17.9～18.0 ℃，比年均气温高1.4 ℃。最冷的1月份地温为2.8～5.6 ℃，最热的7月份地温为30～35 ℃。地温日夜变化较大，但随深度增加而日夜变化减小。由于湖面辽阔，下垫面与陆地性质不同，冬季水温比气温高3～5 ℃，夏季水温比气温低2～4 ℃。雨量适中，年均降雨量1 200 mm，降水日数为130～150 d。降水量在季节间分布不平衡，春季和夏季的降水量占全

(1)　陆林，卢松，凌善金，等. 安徽省安庆沿江湖泊及湿地社会经济调查报告. 安徽师范大学地理系，2002年.

年降水量的70%以上,秋季和冬季相对较少,尤其是6月中旬至7月中旬为阴雨连绵的"梅雨"季节。年蒸发量1 460～1 600 mm,1月份蒸发量最低为51.4～73.3 mm,最高的7、8月份为184.9～202.3 mm。蒸发量与气温变化同步,而迟于降水高峰期。本区属季风气候区,风向有明显的季节变化,冬季多刮偏北风,夏季以偏南风为主,风向受地形环境的影响,西北有大别山阻挡,东南有皖南山区屏障,中间为东北—西南走向的长江谷地,因此东南风极少,多刮东北风和西南风。年均风速差异较大,平均风速为3.1～3.2 $m \cdot s^{-1}$,风速在晚冬至初春最大,秋季次之,夏季最小。由于地处中低纬度,天气形势多变,冷暖气团活动和交锋频繁,降水的年际变化大,加上地形复杂多样,常有旱、涝、风、雹等自然灾害出现。

四、土壤

地带性土壤为黄红壤和黄棕壤,潮土和水稻土是本区的主要土壤类型。红壤和黄棕壤主要分布于湖泊的周边丘陵和台地,水稻土主要分布于湖泊低位阶地,也是分布面积较大的土壤类型,主要以潴育型水稻土和潜育型水稻土为主。潮土主要分布于沿湖平原洲地,以灰潮土为主,由江河冲积物或湖泊沉积物经地下水参与成土和旱耕熟化发育而成,湖底为泥质或沙质基底。

五、水文、水质

(一)主要河流及湖泊

安庆沿江湖泊湿地由长江沿江的山地丘陵集水区构成。区域内主要的长江一、二级支流大多发源于北岸的大别山并顺东南流向,下湖入江,分别构成华阳河、皖河、枞阳长河、汤沟河、横埠河等水系,湖泊水源主要来自这些河流和地表径流。一般每年4月后湖水开始上涨,至8月达最高点,此后水位逐步下降,12月进入枯水季节,2—3月达最低点。随着水利发展,湖泊水量通过湖闸进行人工调控。在汛期,当江水位超过湖水位时,为防止江水倒灌,便关闭闸门,关闸多数年时间在4月中旬到5月初,以4月底为多。直至9—11月江水回落并低于湖水位时再开闸放水,一般开闸时间在11月上旬居多,因此,5—10月为关闸蓄洪时间。但遇干旱天气,因抗旱需要,湖闸也打开,引江水入湖。

1.主要河流

(1)华阳河

跨宿松、太湖、望江及湖北省黄梅、广济5县。上游的主要支流二郎河和凉亭河发源于宿松三面尖。二郎河全长47.6 km,落差419 m,有4条支流,集水总面积57 900 hm^2,其上游有钓鱼台和黄大口两座水库;凉亭河全长49 km,落差538 m,有支流3条,集水总面积28 980 hm^2。下游串联龙湖、感湖、大官湖、黄湖和泊湖,纳宝塔河、洲头河、杨湾新河等支流之水,最后由华阳河口汇入长江。年流量$33.7 \times 10^8 m^3$,流域面积551 140 hm^2。华阳河水系内湖泊众多,水网交织,宋代以后开始筑堤围田,清朝道光元年(1821 年)修建同马大堤,逐渐与长江分隔。1956 年后,为控制江水倒灌,先后修建华阳闸、杨湾闸和杨林闸。目前全水系的水位受控于沿江华阳、杨湾、杨林等涵闸,湖区水位变幅不大,平均水位 12.93 m。由八百吊至华阳河口全长 39 km,俗称华阳河,枯水期最浅水深 1.2 m。

(2)枞阳长河

系菜子湖水系下游的河段。菜子湖湖水出双河口始称长河,为平原型河流,经枞阳闸入长江,全长只有 24 km。但因总流域面积 323 400 hm^2,年径流量达 25.88×10^8 m^3。

(3)大沙河

菜子湖以上有大沙河、龙眠河、孔城河及挂车河等一级支流。大沙河发源于岳西县丛毛尖。沙河铺以上属山区河流,在桐城尖刀咀分流为人形河、柏年河,均为平原型河流。两河于乌鱼宕汇合,在陡起墩入菜子湖。全长 90.9 km,落差 991 m,有鲁坦河、三湾河、中咀河、黄柏河、大水河等支流。流域面积 139 600 hm^2,是菜子湖水系最大的河流。由于上游水土流失严重,泥沙淤积程度高,散滩多。

(4)龙眠河

发源于桐城县中义乡,上游有汪洋、镜主庙两个水库,经桐城至高原墩入嬉子湖。全长 55 km,落差 451 m,流域面积 29 900 hm^2。

(5)挂车河

发源于桐城县大塘乡,经牯牛背水库至许家咀入嬉子湖。全长 59 km,落差 571 m,流域面积 32 800 hm^2。

(6)孔城河

发源于庐江县牛天寨,自朱山冲水库经孔城至黄沟汇入白兔湖。全长 48 km^2,落差 181 m,有支流 1 条,流域面积 61 500 hm^2。

(7)罗昌河

为白荡湖水系河流之一。发源于庐江县龙王顶,经罗昌河镇、浮山,由乌金渡入白荡湖,南经白荡闸注入长江。全长 47 km,流域面积 47 700 hm^2。境内河长 22 km,流域面积 35 000 hm^2。

(8)杨市河

为白荡湖水系河流之一。发源于枞阳县七家排,经青口坂水库、白梅、金社,于楂树咀入白荡湖。全长 24 km,流域面积 9 400 hm^2。

(9)横埠河

属陈瑶湖水系河流之一。发源于枞阳县磨盘岩,经将军、横埠、水圩、青山街,在横埠以下分为两支,穿枫沙湖,汇小陈瑶湖来水,在无为县梳妆台闸入江。全长 26 km,流域面积 10 300 hm^2。

2. 主要湖泊

(1)龙感湖

跨宿松和湖北省黄梅两县，由龙湖和感湖组成，北纳二郎河、凉亭河来水，与大官湖、黄湖、泊湖以港汊相通。湖北省境的太白湖、荆竹水库、考田水库、垅圩水库、戴角水库，安徽省宿松县境的钓鱼台水库、黄大口水库、新河水库的库水注入该湖。湖水向东流经筑墩泄入大官湖、黄湖、泊湖，由杨湾、华阳、杨林闸注入长江。龙感湖东西长 27.5 km，南北最大宽度 20 km，湖底高程 10.5 m，水位14.0 m时蓄水容积 9.7×10^8 m^3，水位 13 m 时湖面面积 35 364 hm^2。南部湖滩大部分已经围垦，水位 15.0 m 时湖面面积 31 620 hm^2。

(2)黄大湖

由黄湖、大官两湖连接而成，位于宿松县境内，是华阳河水系的第二大湖泊。东西(竹墩—杨林闸)长 26 km，南北(北落坡—西分场五连圩)宽 15 km，南北最窄处(下仓—新港口)5 km，为黄湖与大官湖的分界线。湖底高程平均 10.5 m，平均水位高程 12.96 m，湖面积为 26 680 hm^2(黄湖 12 000 hm^2、大官湖 14 680 hm^2)。湖水较浅，正常水位在 2～3 m 之间。湖底较平，除下仓河附近为沙质底外，都为淤泥底质。湖东南岸湖岸线平直，为新利农场和华阳河农场垦区。湖的西、北岸线曲折，湖湾、湖汊多，有刘湾、乌汊、沙湾、东湾、西湾、大赛湖、赤皮湖、湾湖汊。水源主要来自龙感湖经竹墩河流入，出水口除东边的杨林闸能向长江排出少量湖水外，主要经长河注入泊湖，再入长江。

(3)泊湖

跨宿松、望江、太湖 3 县，主要在望江县境内，承受龙感湖、大官湖、黄湖和凉亭河来水，出湖后经华阳河由杨湾闸、华阳闸注入长江。泊湖湖岸曲折，湖汊众多，长 21 km，最大宽度 19 km，湖底高程 9.5 m，蓄水位 14.0 m 时容积 6.9×10^8 m^3、湖面面积23 800 hm^2。

(4)武昌湖

位于望江县境内，由一系列串联湖泊组成，自西向东依次为赤湖、武昌湖(上湖)、青草湖(下湖)和漳湖。东西长 27.5 km，南北最大宽度 8.0 km，水位 12.0 m 时湖面面积 13 600 hm^2，容积 2.02×10^8 m^3。湖底高程：东部 10.7 m，西部 9.5 m。20 世纪 50 年代以后，由于河道治理，江湖分开，湖泊水位降低，面积缩小，部分湖区被围垦，武昌湖拦鱼石坝将湖一分为二。湖底平坦，自西向东逐渐倾斜，湖盆底质以淤泥为主。水源有太慈河、鸦滩河、茅家池 3 条河流。鸦滩河最长，接纳望江、太湖两县交界处包隐寺水库之水，下游出口在湖的东北部赛口。湖水由此分为两支，一支沿幸福河在怀宁县境内经皖河闸注入长江，另一支沿漳河在望江县境内的漳河闸注入长江。

(5)菜子湖

跨桐城、枞阳和安庆郊区，由菜子湖、鸭子湖、代赛湖、嬉子湖、白兔湖、杨树湾湖等湖群组成，以菜子湖为最大，故统称为菜子湖。主要入湖支流有大沙河、挂车河、龙眠河、孔城河等，湖水经枞阳长河，过枞阳闸注入长江。湖泊总面积 22 600 hm^2，湖区长 23 km，最大宽度 10.5 km，湖底高程 8.5 m，水位 15.0 m 时容积 11.15×10^8 m^3。目前鸭子湖、代赛湖已经为分隔的小湖，嬉子湖枯水季节已经与菜子湖分开。

(6)破罡湖(破岗湖)

位于安庆市东北境内，为江湖分开的浅湖，湖区主要由破罡湖、石塘湖、长丰港、白泽湖及大湖组成，以破罡湖湖面最大，故统称为破罡湖。湖区北临枞阳长河，南滨长江，以广济圩江堤相隔，无较大支流汇入，湖区长 13 km，最大宽度 7 km，面积 6 000 hm^2，其中破罡湖 3 670 hm^2，石塘湖 2 330 hm^2，湖底高程8.7 m，水位 10.0 m 时容积 3×10^7 m^3。湖水向北流经梅林闸进入枞阳长河，向东注入长江；向南经新河口闸也可注入长江。

(7)白荡湖

位于枞阳县境内，北纳罗昌河、钱桥河、杨市河来水，湖水向南经白荡闸入长江，也可向东经汤沟河出湖东闸入长江。1955 年在汤沟河吴家嘴筑坝，使白荡湖与陈瑶湖分开。南北长 6.25 km，东西宽 8.75 km，水位 10 m 时湖面积 5 780 hm^2，湖底高程 8.5 m，水位11.5 m时容积 1.54×10^8 m^3。

(8)陈瑶湖

跨枞阳、无为两县，包括小陈瑶湖、枫沙湖。湖盆由长江改道淤积而成。西纳横埠河来水，经梳妆台闸和湖东闸注入长江，流域面积 70 800 hm^2。湖泊长 7.0 km，最大宽度 3.0 km，湖底高程 7.8 m，水位 12.0 m 时，加上枫沙湖与其他小水域的面积有 5 880 hm^2，容积约 7.2×10^7 m^3。

(二)水质

安庆沿江地区由于工业相对落后，工业污染少，因此，从总体看，湖泊水体理化性质基本与天然状态下一致，水质较好。据近年来安庆重点湖泊水质监测结果，湖水透明度在 0.6～2.8 m 之间，大水面在 1 m 以上。pH 在 6.3～7.3 之间。溶氧量在正常气候时接近饱和状态，含量为 8 $mg\cdot L^{-1}$ 以上。主要营养盐含量都在正常范围，硅酸盐比较丰富，钙镁离子比接近 1:3。近些年来，由于湖区养殖强度越来越大，局部水域已出现富营养化趋势。

第二章　社会经济状况

一、行政区域

安庆沿江湖泊湿地主要由龙感湖、黄(湖)大(官)湖、泊湖、武昌湖、菜子湖、破罡湖、白荡湖、枫沙湖和陈瑶湖等湖泊构成,涉及宿松县、望江县、枞阳县、桐城市、太湖县、安庆市区等6县(市),大约49个乡镇、300多个行政村,但大部分湖泊集中分布在宿松、望江和枞阳3县。龙感湖属宿松县和湖北省黄梅县共有,以安徽省宿松县境内的面积为大,占湖泊总面积的70%;黄大湖位于宿松县境内;泊湖跨宿松、望江和太湖3县,但太湖县所占面积不足湖泊总面积的5%;武昌湖位于望江县境内;菜子湖位于桐城市、枞阳县和安庆市境内;破罡湖和白荡湖位于枞阳县境内;陈瑶湖属枞县和无为县共有。

二、土地及湿地利用

(一)土地利用

安庆沿江地区地平土厚,粮棉多熟高产。水田以油菜-双季稻,旱地以油菜、小麦、蚕豆-棉花为主。由于土地平坦,土层深厚,土壤肥沃,适耕性好,农业集约化、现代化水平较高,因此耕地率、复种指数、粮棉单产和耕地生产率都比较高。该区域水面大、水质好,适于水产业发展。长江两岸及沿湖、沿河水网平原地带的沿江圩畈农渔区以粮食和水产品生产为主,其大部分农田可自流灌溉,水田以双季稻为主,旱地以小麦、山芋、花生、黄豆等为主,产量较高。随着农业产业结构的调整和工业的发展,湖泊周边的部分滩地(主要是高位滩地),栽植了杨树等工业原料林。6大湖群的广阔水域盛产鱼类,历史上渔业以捕捞为主,20世纪50年代后实行养捕结合。

(二)湿地利用

安庆沿江地区历史上湿地资源十分丰富,湖泊湿地面积达2×10^5 hm^2。自20世纪50年代开始,随着各湖泊相继建闸,湖区的围垦也相继展开,围垦总面积约7×10^4 hm^2,围垦面积占现有湖泊面积的30%以上,其中华阳河湖群的围垦面积近5×10^4 hm^2,湿地和生物资源大量丧失。自20世纪80年代开始,湖区围垦基本停止,一些民圩因垦殖标准低、经济效益差、难以管理等原因,又自发地退田还湖,这部分面积约6 667 hm^2。围垦的区域大多用于建设农场、种植粮食作物。虽然围垦在一定程度上缓解了当时耕地不足的矛盾,但围垦大大降低了湖泊的蓄洪、防洪能力,破坏了湿地生态系统的稳定,许多地方出现了大水涝、小水旱的不利情况。

安庆沿江湿地主要开发利用形式是渔业生产，渔业经营管理体制有3种形式：一种是以国营或集体渔场为主，对全部或部分水域实行承包，如武昌湖；另一种是以湖泊管理委员会、渔政管理站或以开发公司的形式管理为主，通过分割水面经营权，带动周围乡村渔场、专业承包户实现联合经营，如龙感湖、黄大湖、泊湖、菜子湖等部分水域；第三种是部分水域由渔民天然捕捞。

湿地的防洪灌溉功能是安庆湿地的重点功能之一，每年汛期(5—9月份)，当长江水位高于湖水位时，湖闸一般关闭，以防江水倒灌；每年10月份之后，随着江水消退，湖闸开启，湖水排入长江，以承接来年的洪水。但遇到大旱之年，为解决农民生产生活用水，当长江水位高于湖水位时，也开闸引水，如2000年和2001年均有类似情况。

三、交通

历史上陆上交通状况较差时，湖泊的航运业相对发达。随着交通状况的改善，湖泊航运业的作用逐渐减弱。

陆上交通较为便捷，县城有通往湖区各乡镇的营运车辆，各乡镇有乡间水泥公路通往湖区的行政村。沿湖目前基本实现了“村村通”。

四、社区经济

安庆沿江湖区以种养业为主，工业化程度低，工业企业少，在农业内部构成中渔业和种植业略偏高，人均年纯收入1 600元，收入主要来源于渔业生产和种植经济作物。一部分农村剩余劳动力外出务工或经商。2000年，沿江的宿松、望江、枞阳3县国内生产总值为59.26亿元，其中农业总产值占整个国内生产总值的38.9%(表2—1)。

表2—1　安庆沿江三县经济情况统计表(2000年)

县名	国内生产总值/亿元	第一产业		第二产业		第三产业		其中:渔业	
		产值/亿元	占国内生产总值/%	产值/亿元	占国内生产总值/%	产值/亿元	占国内生产总值/%	产值/亿元	占国内生产总值/%
枞阳	24.91	9.78	39.3	7.23	29.0	7.90	31.7	4.00	16.1
宿松	19.81	8.08	40.8	5.05	25.5	6.68	33.7	1.46	7.4
望江	14.54	5.18	35.6	4.84	33.3	4.52	31.1	1.42	9.8
合计	59.26	23.04	38.9	17.12	28.9	19.1	32.2	6.88	11.6

安庆沿江一带素有“鱼米之乡”之称，历来是安徽省重点渔业区之一。20世纪50年代以前，基本上是自然增殖，人工捕捞，后来由于沿江湖泊相继建闸，内湖大量围垦，鱼类洄游通道受阻，鱼类产卵场受到破坏，自然产量也急剧减少。据统计，20世纪50年代初期，湖泊面积超过2×10^{5} hm^{2}，鱼产量达$(25\sim35)\times10^{6}$ kg，至70年代，湖泊面积减少到1.2×10^{5} hm^{2}，鱼产量仅在10×10^{6} kg左右徘徊；20世纪80年代以后，湖泊主要转向人工养殖，开发利用强度愈来愈大，主要养殖品种为中华绒螯蟹及“四大家鱼”；2000年，宿松、望江、枞阳3县，渔业总产值为6.88亿元，占农业生产总产值的31.1%。

第二篇

生物多样性

第三章 浮游生物

一、浮游植物

(一)种类组成

安庆沿江湖泊湿地浮游植物共有7门、73属，其中蓝藻门16属，绿藻门22属，硅藻门17属，金藻门4属，黄藻门3属，裸藻门6属，甲藻门5属(附录1)。

(二)数量和生物量

在不同的湖泊中，浮游植物不同类群的生物量差异较大，数量差异较小，其中，以泊湖浮游植物总数量最大，龙感湖最小，但生物量以龙感湖最大，菜子湖仅有数量数据(表3—1)。

表3—1 安庆沿江湿地各主要湖泊浮游植物的数量和生物量

门类	数量和生物量	龙感湖	黄大湖	泊湖	武昌湖	破罡湖	菜子湖
绿藻	数量/(ind. · L^{-1})	4.91	3.91	7.83	89.33	5.30	4.17
	生物量/(mg · L^{-1})	0.15	0.08	0.16	1.19		
硅藻	数量/(ind. · L^{-1})	6.13	5.47	2.69	21.50	2.64	15.06
	生物量/(mg · L^{-1})	1.84	0.22	0.10	0.77		
蓝藻	数量/(ind. · L^{-1})	4.97	3.21	10.51	9.83	3.27	0.36
	生物量/(mg · L^{-1})	0.50	0.13	0.13	0.63		
裸藻	数量/(ind. · L^{-1})	1.63	2.80	0.37	9.83	3.27	0.01
	生物量/(mg · L^{-1})	0.11	0.11	0.01	0.75		
甲藻	数量/(ind. · L^{-1})	0.80	3.18	2.05	2.86	0.53	0.48
	生物量/(mg · L^{-1})	0.32	0.16	0.69	1.29		
金藻	数量/(ind. · L^{-1})	0.06	0.97	0.67	2.08	0.19	—
	生物量/(mg · L^{-1})	0.02	0.03	0.02	0.12		
黄藻	数量/(ind. · L^{-1})	0.40	1.40	0.77	1.77	0.07	—
	生物量/(mg · L^{-1})	0.08	0.04	0.03	0.06		
合计	数量/(ind. · L^{-1})	18.91	20.94	24.89	137.20	15.27	20.08
	生物量/(mg · L^{-1})	3.02	0.77	1.14	4.81		

注：数据来自《安徽省长江水系重点水域渔业资源调查报告汇编》(安徽省水产局区划办公室，1985年)。

二、浮游动物

(一)种类组成

安庆沿江湿地浮游动物已知有119种，隶属于14目、40科、75属(附录2)，占我省已知浮游动物247种的48.2%，占我国内陆水域浮游动物720种的16.5%。其中原生动物9目、19科、23属、39种，轮虫1目、10科、26属、40种，枝角类1目、5科、12属、22种，桡足类3目、6科、14属、17种。

(二)数量和生物量

安庆沿江湖泊湿地各湖泊浮游动物的数量和生物量差异较大，其中，龙感湖数量最大，其次是菜子湖，黄大湖和泊湖较小；生物量以泊湖最大，龙感湖较小(表3－2)。

表3－2　安庆沿江湿地各主要湖泊浮游动物的数量和生物量

类别	数量和生物量	龙感湖	黄大湖	泊湖	武昌湖	破罡湖	菜子湖	白荡湖
原生动物	数量/(ind.·L^{-1})	31 821 *	8 386	3 361	8 161	1 991	10 800	900
	生物量/(mg·L^{-1})	0.10 *	0.26	1.20	0.42			0.03
轮虫	数量/(ind.·L^{-1})		386	580	948	760	1 260	300
	生物量/(mg·L^{-1})		0.31	1.50	1.06			0.09
枝角类	数量/(ind.·L^{-1})	26	20	90	41	13	18.34	2
	生物量/(mg·L^{-1})	0.78	1.00	2.00	0.92			0.06
桡足类	数量/(ind.·L^{-1})	53	72	311	66	69	157.72	6
	生物量/(mg·L^{-1})	1.06	1.00	2.10	0.50			0.11
合计	数量/(ind.·L^{-1})	31 900	8 864	4 342	9 216	2 833	12 236	1 208
	生物量/(mg·L^{-1})	1.94	2.57	6.80	2.91			0.29

注：除白荡湖数据来自《中国湖泊志》(王苏民、窦鸿身，1998年)外，其他湖泊数据都来自《安徽省长江水系重点水域渔业资源调查报告汇编》(安徽省水产局区划办公室，1985年)中的数据。数据后带"*"的，表示含轮虫的数量和生物量。

第四章 高等植物

一、种类组成分析

(一)物种组成分析

通过近10年来的调查,安庆沿江湿地维管束植物共有97科、299属、459种,其中蕨类植物9科、9属、9种,裸子植物3科、6属、8种,被子植物85科、284属、442种(附录3)。

对湿地范围内分布的植物各科所含的属种数、分布类型统计如下。科的组成:含单种属的科41个,占湿地所有科数的42.3%;含2~4种的科34个,占所有科数的35.1%;含5~10种的科13个,占所有科数的13.4%;含10种以上的科有9个,占所有科数的9.3%,该9科是禾本科(52种)、菊科(39种)、莎草科(35种)、豆科(25种)、蔷薇科(23种)、蓼科(21种)、十字花科(14种)、唇形科(14种)、玄参科(13种);豆科、蔷薇科、菊科、莎草科和禾本科5科所含的种数有174种,占该湿地所有植物种数的37.9%。按生物性状看:属木本植物类型的乔木或灌木性状的有78种,且多为落叶种类,仅少数裸子植物是常绿类型;草本一年生或多年生植物有381种,属自然植被类型为主,尤其是大科中的自然植被均为草本植物,是安庆湿地区系中的重要组成成分,松科、杨柳科、壳斗科以及豆科中的刺槐则构成了湿地的森林植被。

湿地植物共221种,其中,湿生植物157种,挺水植物24种,根生浮叶植物10种,漂浮植物11种,沉水植物19种。这些植物隶属53科、130属,其中,蕨类植物6科、6属、6种,单子叶植物15科、54属、94种,双子叶植物32科、70属、121种。

禾本科植物的属级多样性最高,其次是莎草科和菊科。菰(*Zizania caduciflora*)、红蓼(*Polygonum orientale*)、酸模叶蓼(*P. lapathifolium*)、香蒲(*Typha orientalis*)和芦苇(*Phragmites australis*)是构成挺水植物群落的主要物种;水生植物主要为挺水植物10科、15属、24种,漂浮植物有7科、9属、11种,根生浮叶植物有4科、4属、10种,菱科植物和睡莲科的芡实(*Euryale ferox*)是构成根生浮叶植物群落的主要物种,满江红(*Azolla imbricata*)、浮萍(*Lemna minor*)、槐叶苹(*Salvinia natans*)是构成漂浮植被的主要物种;沉水植物有7科、9属、19种,水鳖科、眼子菜科、小二仙草科和金鱼藻科植物是构成沉水植物群落的主要物种。

滩涂植物群落主要分布于湖滩及浅水区域,其分布面积受水位变化影响显著。在枯水期湿生植物占优势,主要植物有:陌上菅(*Carex thunbergii*)、茴茴蒜(*Ranunculus chinensis*)、肉根毛茛(*R. polii*)、石龙芮(*R. sceleratus*)、虉草(*Phalaris arundinacea*)、朝天委陵菜(*Potentilla supina*)、委陵菜(*P. chinensis*)、紫苜蓿(*Medicago sativa*)、水

田碎米荠(*Cardamine lyrata*)、蓼子草(*Polygonum cripolitanum*)、荭蓼、水蓼(*P. hydropiper*)、愉悦蓼(*P. jucundum*)、圆基愉悦蓼(*P. jucundum* var. *routundum*)、酸膜叶蓼、绵毛酸膜叶蓼(*P. lapathifolium* var. *salicifolium*)、杠板归(*P. perfoliatum*)、球序卷耳(*Cerastium glomeratum*)、亚大苔草(*Carex brownii*)、红穗苔草(*C. argyi*)、半边莲(*Lobelia chinensis*)、喜旱莲子草(*Alternanthera philoxeroides*)、荸荠(*Heleocharisdulcis* var. *tuberosa*)、水稗(*Beckmannia syzigachne*)、水芹(*Oenanthe javanica*)、中华水芹(*O. sinensis*)、狗牙根(*Cynodon dactylon*)、菖蒲(*Acorus calamus*)、菰、芦苇、香蒲等。

近岸挺水植物群落主要分布在水边近岸区及浅水区,主要组成植物有:莲(*Nelumbo nucifera*)、菰、芦苇、弯喙慈菇(*Sagittaria latifolia*)、华夏慈菇(*S. trifolia* var. *sinensis*)、雨久花(*Monochoria korsakowii*)、喜旱莲子草、酸膜叶蓼、绵毛酸膜叶蓼、香蒲、长苞香蒲(*Typha angustata*)、水烛(*T. angustifolia*)等。

浮水植物群落沿湖泊水体边缘的浅水区分布。浮叶植物有细果野菱(*Trapa maximowiczii*)、菱(*Trapa bispinosa*)、乌菱(*T. bicornis*)、四角菱(*T. quadrispinosa*)、四角刻叶菱(*T. incisa*)等,另外还有荇菜(*Nymphoides peltata*)、金银莲花(*N. indica*)等。漂浮植被浮于水面,有时随风漂于不同区域,主要植物有:水鳖(*Hydrocharis dubia*)、苹(*Marsilea quadrifolia*)、槐叶苹、满江红、凤眼莲(*Eichhornia crassipes*)、紫萍(*Spirodela polyrrhiza*)、浮萍等。

沉水植被分布于水体的水面以下,有时可达深 3 m 的深水区,主要植物有:金鱼藻(*Ceratophyllum demersum*)、聚草(*Myriophyllum spicatum*)、狐尾藻(*M. verticillatum*)、石龙尾(*Limnophila sessiliflora*)、少花狸藻(*Utricularia exoleta*)、黄花狸藻(*U. aurea*)、黑藻(*Hydrilla verticillata*)、苦草(*Vallisneria natans*)、水车前(*Ottelia alismoides*)、马来眼子菜(*Potamogeton malaianus*)、微齿眼子菜(*P. maackianus*)、菹草(P. crispus)、大茨藻(*Najas marina*)、小茨藻(*N. minor*)等。

从部分科的分布区域统计可以看出,湿地植物具有明显的多样性和亚热带至温带过渡性,广布种居多。

植物区系具有以下特征:

(1)植物物种组成丰富多样,湿地植物中,世界广布种成分占优势。

(2)温带典型优势科,如禾本科、菊科、豆科、莎草科,在该湿地广泛分布,世界广布的水生植物是湿地植被主要种类,如小二仙草科、眼子菜科、水鳖科、茨藻科,而且草本占主要地位。

(3)地带性特征不明显。由于湿地环境有一定的一致性,其组成常跨越陆地的自然植被带。该区植物带有明显的过渡性特点,区系成分较多样,有热带亲缘的科、属或华南成分向北分布的种类,表明该地区的区系成分与亚热带有较密切联系。

湿地的 221 种湖泊湿地植物中,湿生植物占本地湿地植物总种数的 71.0%,挺水植物占本地湿地植物总种数的 10.9%,浮叶植物占本地湿地植物总种数的 4.5%,漂浮植物占本地湿地植物总种数的 5.0%,沉水植物占本地湿地植物总种数的 8.6%。

湖泊湿地植物中禾本科含属最多，有23属；其次是莎草科和菊科，分别有10属和9属。有32个科只含1属，占全部科数的60.4%，但仅占总属数的24.6%。在这些科中，含10种及以上的科有：莎草科(29种)、禾本科(27种)、蓼科(21种)、玄参科(11种)、菊科(10种)、十字花科(10种)6科，占总科数的11.3%，而种数占总科数的48.9%。有21个科只含1种，占总科数的39.6%，种数占总种数的9.5%。在全部的130个属中，含5种以上的属有：蓼属(17种)、苔草属(7种)、莎草属(6种)、菱属(6种)、眼子菜属(5种)、荸荠属(5种)6属，占总属数的4.6%，而种数占总种数的20.8%。有97属只含1种，占全部属数的74.6%，所含种数占全部种数的43.9%。菰、莲、菱、菹草、苦草、黑藻、马来眼子菜、酸模叶蓼、荭蓼、喜旱莲子草等植物是湖泊的主要优势种。

从各属的分布区域统计，安庆沿江湖泊湿地的植物以泛热带分布种和世界广布种为主。原始科较少，只有毛茛科、睡莲科等，其中睡莲科的莲是归化种。

有分布的221种湖泊湿地植物中，水蕨、莲、乌苏里狐尾藻(*Myriophyllum ussuriense*)、中华结缕草(*Zoysia sinica*)、四角刻叶菱5种属于国家Ⅱ级保护物种。其他一些典型的湿地植物，如禾本科、莎草科、菊科、蓼科，在湿地中广泛分布。由于湿地环境有一定的一致性，其组成种类常跨越陆地的自然植被带。该区植物带有明显的过渡性特点，地带性特征不明显，有热带亲缘的科、属或华南成分向北分布的种类，如苋科的莲子草(*Alternanthera sessilis*)等。湿地生长的植物中世界广布种成分占优势，如水生植物中的莎草科、眼子菜科、玄参科、蓼科是湿地植被的主要种类，且草本占主要地位。湿地植物具有种类组成相对简单，但组成湿地植物群落类型具有丰富多样的特点。

(二)重点保护物种

安庆沿江湿地有国家Ⅰ级保护植物1种、Ⅱ级保护植物7种。

1. 水杉(*Metasequoia glyptostroboides*)

国家Ⅰ级重点保护野生植物，是古老孑遗植物。零星栽植堤岸边，没有形成大面积用材林。

2. 水蕨(*Ceratopteris thalictroides*)

国家Ⅱ级保护植物。少量见于龙感湖、黄大湖、泊湖、破罡湖、菜子湖等湖区，且呈零星分布。

3. 中华结缕草

国家Ⅱ级保护植物。分布于堤岸上。

4. 野大豆(*Glycine soja*)

国家Ⅱ级保护植物(我国第一批珍稀濒危植物之一)。在龙感湖、黄大湖、泊湖、武昌湖、破罡湖、菜子湖的湖缘、堤岸有蔓延分布。

5. 乌苏里狐尾藻

国家Ⅱ级保护植物。分布于浅湿地带。

6. 莲(*Nelumbo nucifera*)

国家Ⅱ级保护植物。分布于各湖泊。

7. 四角刻叶菱

国家Ⅱ级保护植物。分布于各湖泊。

8. 香樟(*Cinnamomum camphora*)

国家Ⅱ级保护植物。零星分布于各地。

二、植被类型及生态分布

(一)植被概况

安庆沿江湿地植被属亚热带常绿阔叶林植被带、安徽南部中亚热带常绿阔叶林地带的安庆沿江湖泊圩区植被片。天然植被类型有针叶林、阔叶林、竹林、灌丛、草丛、湿生植被、水生植被和作物植被。其中针叶林、阔叶林、竹林和作物植被几手为人工植被。湿生植被和水生植被是主要的天然植被。

湖泊湿地植被可分为48个群丛(表4—1),其中湿生和挺水植被带可划分18个群丛,以菰群丛(Ass. *Zizania caduciflora*)和莲群丛(Ass. *Nelumbo nucifera*)分布最广;浮水和沉水植被带可划分30个群丛,以细果野菱群丛(Ass. *Trapa maximowiczii*)、荇菜群丛(Ass. *Nymphoides peltata*)、苦草群丛(Ass. *Vallisneria natans*)、聚草+苦草群丛(Ass. *Myriophyllum spicatum*+ *Vallisneria natans*)分布最广。

表4—1　安庆沿江湖泊湿地各主要湖泊植被类型及分布

		植被类型	龙感湖	黄大湖	泊湖	武昌湖	菜子湖	破罡湖	枫沙湖	白荡湖	陈瑶湖
湿生及挺水植物群落	1	毛轴莎草群丛(Ass. *Cyperus pilosus*)	+								
	2	朝天委陵菜群丛(Ass. *Potentilla supina*)					+				
	3	陌上菅+朝天委陵菜+肉根毛茛群丛(Ass. *Carex thunbergii*+ *Potentilla supina*+ *Ranunculus polii*)					+				
	4	虉草+陌上菅群丛(Ass. *Phalaris arundinacea*+*Carex thunbergii*)					+				
	5	陌上菅群丛(Ass. *Carex thunbergii*)					+				
	6	虉草群丛(Ass. *Phalaris arundinacea*)					+		+	+	
	7	疣草群丛(Ass. *Murdannia keisak*)		+	+						
	8	长芒稗群丛(Ass. *Echinochloa caudata*)					+				
	9	长芒稗+荆三棱群丛(Ass. *Echinochloa caudata*+ *Bolboschoenus yagara*)	+								+
	10	肉根毛茛群丛(Ass. *Ranunculus polii*)					+				
	11	喜旱莲子草+凤眼莲群丛(Ass. *Alternanthera philoxeroides*+ *Eichhornia crassipes*)					+				
	12	菰群丛(Ass. *Zizania caduciflora*)	+	+	+	+	+	+			+
	13	香蒲群丛(Ass. *Typha orientalis*)		+	+		+				
	14	芦苇群丛(Ass. *Phragmites australis*)					+			+	+
	15	菰+芦苇群丛(Ass. *Zizania caduciflora*+*Phragmites australis*)	+	+	+	+					
	16	荸荠群丛(Ass. *Helecharis dulcis* var. *tuberosa*)					+				
	17	莲群丛(Ass. *Nelumbo nucifera*)	+	+	+	+		+	+		+
	18	荭蓼+酸模叶蓼群丛(Ass. *Polygonum orientale*+ *Polygonum lapathifolium*)					+				

续表

		植被类型	龙感湖	黄大湖	泊湖	武昌湖	菜子湖	破罡湖	枫沙湖	白荡湖	陈瑶湖
浮水植物群落	19	金银莲花群丛(Ass. *Nymphoides indica*)		+	+						
	20	荇菜群丛(Ass. *Nymphoides peltata*)	+	+			+		+		+
	21	芡实群丛(Ass. *Euryale ferox*)		+	+						
	22	芡实＋苦草群丛(Ass. *Euryale ferox*＋*Vallisneria natans*)		+							
	23	菱群丛(Ass. *Trapa bispinosa*)	+	+	+	+	+	+			+
	24	细果野菱群丛(Ass. *Trapa maximowiczii*)	+	+			+		+		+
	25	细果野菱＋苦草群丛(Ass. *Trapa maximowiczii*＋*Vallisneria natans*)	+	+		+					
	26	细果野菱＋马来眼子菜群丛(Ass. *Trapa maximowiczii*＋*Potamogeton malaianus*)	+								
	27	细果野菱＋苦草＋聚草群丛(Ass. *Trapa maximowiczii*＋*Vallisneria natans*＋*Myriophyllum spicatum*)		+				+			
	28	细果野菱＋马来眼子菜＋聚草＋苦草群丛(Ass. *Trapa maximowiczii*＋*Potamogeton malaianus*＋*Myriophyllum spicatum*＋*Vallisneria natans*)		+							
	29	细果野菱＋芡实＋苦草群丛(Ass. *Trapa maximowiczii*＋*Euryale ferox*＋*Vallisneria natans*)		+				+			
	30	细果野菱＋黑藻＋苦草＋金鱼藻群丛(Ass. *Trapa maximowiczii*＋*Hydrilla verticillata*＋*Vallisneria natans*＋*Ceratophyllum demersum*)		+							
	31	细果野菱＋聚草＋金鱼藻群丛(Ass. *Trapa maximowiczii*＋*Myriophyllum spicatum*＋*Ceratophyllum demersum*)		+				+			
	32	槐叶萍＋满江红群丛(Ass. *Salvinia natans*＋*Azolla imbricata*)					+				
	33	凤眼莲群丛(Ass. *Eichhornia crassipes*)					+				
	34	少花狸藻群丛(Ass. *Utricularia exoleta*)					+				
沉水植物群落	35	马来眼子菜群丛(Ass. *Potamogeton malaianus*)	+	+			+				
	36	苦草群丛(Ass. *Vallisneria natans*)	+	+	+	+	+	+	+		
	37	聚草群丛(Ass. *Myriophyllum spicatum*)		+	+		+	+	+		
	38	菹草群丛(Ass. *Potamogeton crispus*)					+				
	39	聚草＋菹草群丛(Ass. *Myriophyllum spicatum*＋*Potamogeton crispus*)			+						
	40	聚草＋苦草群丛(Ass. *Myriophyllum spicatum*＋*Vallisneria natans*)	+	+	+		+	+		+	
	41	苦草＋黑藻群丛(Ass. *Vallisneria natans*＋*Hydrilla verticillata*)	+	+	+		+				
	42	苦草＋马来眼子菜群丛(Ass. *Vallisneria natans*＋*Potamogeton malaianus*)	+								
	43	苦草＋金鱼藻群丛(Ass. *Vallisneria natans*＋*Ceratophyllum demersum*)		+			+	+			
	44	苦草＋小茨藻群丛(Ass. *Vallisneria natans*＋*Najas minor*)		+	+						
	45	聚草＋黑藻群丛(Ass. *Myriophyllum spicatum*＋*Hydrilla verticillata*)					+				
	46	黑藻＋马来眼子菜群丛(Ass. *Hydrilla verticillata*＋*Potamogeton malaianus*)					+				
	47	黑藻＋苦草＋小茨藻群丛(Ass. *Hydrilla verticillata*＋*Vallisneria natans*＋*Najas minor*)					+				
	48	金鱼藻群丛(Ass. *Ceratophyllum demersum*)					+				

注："＋"表示存在

(二)各湖泊湿地植被的特征及分布

1. 龙感湖

组成龙感湖湿地植物群落的植物有30多种。根据这些植物对水分的依赖程度及其生境中水分的多少,其生态类型及种类数分别为:挺水植物7种,菰、芦苇、莲、香蒲、荆三棱(*Bolboschoenus yagara*)、毛轴莎草(*Cyperus pilosus*)、长芒稗(*Echinochloa caudata*);沉水植物8种,苦草、马来眼子菜、金鱼藻、菹草、黑藻、聚草、水车前、黄花狸藻;漂浮植物3种,槐叶苹、满江红、水鳖(*Hydrocharis dubia*);浮叶植物3种以上,荇菜、芡实(*Euryalefero*)及菱属(*Trapa* spp.)多个种类混生;湿生植物4种以上,水稻(*Oryza sativa*)及荸荠属的多个混生种类(*Eleocharis* spp.)等。

据样方调查,苦草的密度高达28.5株·m^{-2},多度45.7%,盖度50%,濒度62.5,说明苦草分布广,数量多,还有菱和马来眼子菜,其次是聚草、菹草、香蒲、莲、菰。挺水植物中以菰最多,沿湖缘水深不足1 m的浅水处形成湖岸菰带,其内缘为莲,成片分布,在圩区为人工种植;香蒲零星分布在圩区菰群丛内;芦苇散生在龙感湖南岸程营一带圩区。

(1)湿生及挺水植物群落

菰群丛:沿湖缘和湖梢,以菰种群为主,组成湖岸边挺水植物带,宽度5～1 500 m不等。菰种群间伴生有芦苇,星散分布在菰种群间的还有槐叶苹、水鳖等浮水植物,有的地段还混生黄花狸藻、香蒲。该群丛面积约5 200 hm^2,占全湖总面积的22.9%。在龙感湖梢圩区莲塘内及龙感湖南岸菰、莲群丛内还伴生有少量水蕨。

莲群丛:分布湖缘或菰群丛内缘,或圩区塘内。在龙感湖竹坝湖湾和竹墩至龙感湖义乡主航道两侧呈片状分布。面积约133 hm^2,占全湖总面积的0.6%。该群丛中散生槐叶苹、黄花狸藻等植物。

毛轴莎草群丛(Ass. *Cyperus pilosus*):分布在龙感湖梢浅水域。

长芒稗+荆三棱群丛(Ass. *Echinochloa caudata*+*Bolboschoenus yagara*):分布在龙感湖梢浅水域。

(2)浮水植物群落

菱群丛(Ass. *Trapa bispinosa*):成小片或连片星散分布在湖梢、湖湾,菱每丛1～12枝不等,盖度达70%～90%。湖内大水面单株星散而稀疏,集中分布在北家湖湖面和竹墩到义乡主航道两侧以及西湖区水面。面积约2 800 hm^2,占全湖总面积的12%。

荇菜群丛(Ass. *Nymphoides peltata*):5月份开花期,集中在竹墩主航道两侧和金鹏公司养殖场湖面,分布面积大小不等且成片,面积约36 hm^2。

槐叶苹+满江红群丛(Ass. *Salvinia natans*+*Azolla imbricata*):分布在竹墩附近的圩区。

(3)沉水植物群落

苦草群丛(Ass. *Vallisineria spiralis*):在大湖面分散而量少,集中分布在龙湖湾和竹墩至义乡湖湾水域内,局部区域与其他种类组成复合种群群丛。苦草分布密集区域水质透明度大，水深度在 1.5 m 以内。苦草分布面积约 5 867 hm^2，占全湖总面积的 25.8%。与苦草种群组成复合群丛的种群有：细果野菱＋苦草群丛（Ass. *Trapa maximowiczii*＋*Vallisineria spiralis*），分布在北家湖湖面、西湖横路湖面、竹墩主航道两侧水域，面积约 667 hm^2，占全湖总面积的 2.9%；聚草＋苦草群丛、苦草＋黑藻群丛（Ass. *Vallisineria spiralis*＋*Hydrilla verticillata*），分布在主航道两侧湖汊、龙湖湖湾，苦草＋黑藻群丛面积约 1 533 hm^2，占全湖总面积的 6.7%，聚草＋苦草群丛面积约 200 hm^2，占全湖面积的 0.9%；苦草＋马来眼子菜群丛（Ass. *Vallisineria spiralis*＋*Potamogeton malaianus*），分布在龙湖与感湖交汇处水面，面积约 800 hm^2，占全湖面积约 3.6%。

马来眼子菜群丛（Ass. *Potamogeton malaianus*）：以 1～5 m^2 成小片分散分布在湖内，主要在主航道竹墩区和大湖纵深区，面积约 2 400 hm^2，占全湖总面积的 10%。该群丛单株可长达 3.5 m，某些水域该种群与菱混生在一起，或与苦草生长在一起组成复合种群群丛。

2. 黄大湖

组成黄大湖湿地植物群落的植物超过 23 种，其生态类型和种类数分别为：挺水植物 5 种：分布在沿湖浅水区的菰、莲、芦苇、香蒲和圩区的华夏慈菇；浮叶植物超过 4 种：荇菜、芡实、水蕨及菱属的混生种类；漂浮植物 3 种：浮萍、槐叶苹、水鳖；湿生植物 3 种：稻、水稗及野灯芯草（*Juncus setchuensis*）；沉水植物 8 种：苦草、黑藻、金鱼藻、聚草、菹草、马来眼子菜、黄花狸藻和少花狸藻。

（1）湿生及挺水植物群落

菰群丛：沿湖边分布，形成宽窄不等的带，竹墩附近的猪咀墩有宽 1 000 m、长 2 000 m的菰片，大官湖中央靶场有 416 hm^2 的菰、芦苇片，沿赤壁湖和六昌湖湖缘有 30 m 宽的菰带，黄湖下仓镇两侧各有 50 m 宽的菰带分布，黄湖从九城畈向新沟折向西南新洲头，沿湖菰带宽达 1 500 m。菰群丛中散生芦苇或香蒲，间生其他漂浮植物或蓼科的酸模叶蓼、荭蓼等，是野鸭等水禽栖息觅食藏身的地方。菰分布面积为 6 000 hm^2，占全湖总面积的 22.5%。

莲群丛：是单种挺水群丛，成片分布在下仓东侧下仓圩的菰片内缘，有 0.15 hm^2 的莲片，在竹墩进入黄大湖航道北侧和阮坡咀湖边、大官湖的泥咀头、新洲头附近湖边、九城畈螺丝咀附近湖缘均有成片莲群丛分布，分布面积有 200 hm^2，占全湖总面积的 0.75%。

（2）浮水植物群落

菱群丛：遍布全湖，尤以黄湖和大官湖北半部密集而多，湖汊及湖湾无菱分布，是由于人工养殖而清除造成的。菱属是根生浮叶植物，在湖中以团块或连成片的方式分布，局部水域呈星散分布，而且大部分与苦草、金鱼藻、芡实、黑藻、聚草、马来眼子菜等种类组成不同的复合群丛。各种菱群丛在黄大湖分布面积为 18 000 hm^2，占全湖总面积的 67.5%。

荇菜群丛：为 5 月间开花的单种群丛，主要分布在阮坡咀附近、刘汉湖边，长河口附近有少量成片分布，分布面积为 200 hm^2，占全湖总面积的 0.75%。6 月份以后湖面被菱替代，荇菜分布面积变小。

芡实群丛（Ass. *Euryale ferox*）：主要分布在黄湖东部和南部，星散分布，与苦草、菱、细果野菱组成复合群丛，分布面积为 2 667 hm^2，约占全湖总面积的 10%。

(3)沉水植物群落

苦草群丛：与聚草或菱、芡实等混生一起，组成复合群丛，在全湖分布面较广，尤其在黄湖东部九城畈一带、刘汉湖湖面、长河口湖面较多，分布面积约 4 000 hm^2，占全湖总面积的 15%。

聚草群丛（Ass. *Myriophyllum spicatum*）：主要分布在大官湖猪咀墩附近湖面和刘汉湖与长河口湖面，少量分布在黄湖姑娘坟附近湖面，与苦草、金鱼藻等组成复合群丛，面积约 1 333 hm^2，占全湖总面积的 5%。

聚草＋黑藻群丛（Ass. *Myriophyllum spicatum*＋*Hydrilla verticillata*）：分布在下仓镇附近，六昌湖西部、阮坡咀湖面、沙湾湖口有分布，黑藻还常与金鱼藻、苦草、聚草等组成复合群丛，面积约 667 hm^2，占全湖总面积的 2.5%。

马来眼子菜群丛（Ass. *Potamogeton malaianus*）：在湖内星散状小块分布，约 600 hm^2，占全湖总面积的 2.25%。

菹草单种群群丛（Ass. *Potamogeton crispus*）：分布在六昌湖湖汊口，面积约 60 hm^2。

3. 泊湖

组成泊湖湿地植物群落的植物超过 15 种，其中挺水植物 4 种：菰、芦苇、莲、香蒲；沉水植物 4 种：苦草、聚草、黑藻、小茨藻；浮叶植物 4 种：金银莲花、芡实、荇菜及菱属混生种类；漂浮植物 3 种：满江红、槐叶苹、疣草（*Murdannia keisak*）。优势种群主要有菰、芡实、莲、香蒲、苦草、疣草、金银莲花。各群丛的分布及面积如下：

(1)湿生及挺水植物群落

菰群丛：以菰为主，芦苇散生在该群丛内组成复合群丛，生长在湖梢、湖边缘浅水区，分布在泊湖枫林东、西湖梢，九城畈到石庙一带湖边，长岭湖湾的驼婆咀到泊湖口，宽 50～1 500 m，形成湖岸浅水区挺水植物菰带，面积约 2 800 hm^2，占泊湖总面积的 15.5%。

莲群丛：分布在枫林西泊湖梢圩区及泊湖口，面积约 67 hm^2，占湖泊总面积的 0.3%。

香蒲群丛（Ass. *Typha orientalis*）：分布在湖湾圩区池塘内。

(2)浮水植物群落

菱群丛：分布在九城畈泊湖口和田祥湖面，面积约 467 hm^2，占泊湖总面积的 2.5%。在大石湖湾有菱、聚草组成复合群丛，面积约 200 hm^2。

金银莲花群丛（Ass. *Nymphoides indica*）：分布在泊湖西梢菰群丛间。

芡实群丛(Ass. *Euryale ferox*):分布在湖湾圩区池塘内。

(3)沉水植物群落

苦草群丛:在湖区分布面积约 10 667 hm^2,占泊湖总面积的 59.1%,是泊湖的优势种群,在泊湖口苦草可达 1.3 m 长,叶宽达 1.5 cm。

聚草+菹草复合群丛(Ass. *Myriophyllum spicatum*+*Potamogeton crispus*):在沙咀湖心有聚草+菹草组成的复合群丛,面积约 667 hm^2,占全湖总面积的 3.7%。

苦草+黑藻群丛:在大石湖汊口,面积 267 hm^2,占全湖面积的 1.4%。

4. 武昌湖

组成武昌湖植被类型的植物中,挺水植物 4 种,沉水植物 2 种,浮叶植物 2 种。此外,在湖湾梢挺水植物之间生长有荇菜、水鳖和槐叶苹等。常见挺水植物有:菰成片生长,莲成片生长,香蒲则在湖缘。沉水植物主要有苦草和黑藻,浮叶植物见有菱、荇菜。群落优势种主要是菰、莲、苦草、四角刻叶菱等种群。其他如荇菜、芡实、香蒲、凤眼莲则零星生长在群落之间。此外还有黄花狸藻、喜旱莲子草分布。

(1)挺水植物群落

菰群丛:主要分布于湖泊浅水区,建群种为菰,高度 15 m,盖度 60%~70%,伴生种主要有酸模叶蓼等。

莲群丛:分布于湖泊浅水区,建群种为莲,高度 1~1.2 m,盖度 40%,伴生种有荭草、酸模叶蓼等。

香蒲群丛:分布于浅水或沼泽区,建群种为香蒲,高度 1~1.2 m,盖度 30%,伴生种有假稻(*Leersia japonica*)、稗(*Echinochloa crusgalli*)等。

芦苇群丛(Ass. *Phragmites australis*):分布于湖滩或浅水区,建群种为芦苇,高度 1.2~5 m,盖度 30%,伴生种有酸模叶蓼、假稻等。

(2)浮叶植物群落

菱群丛:主要分布于湖泊深、浅水区结合部,建群种为细果野菱,伴生种有芡实等。

槐叶苹+满江红群丛:主要分布于湖泊浅水区,深水区也有零星分布,建群种为槐叶苹、满江红,伴生种有水鳖、水苋菜(*Ammannia baccifera*)、紫萍等。

(3)沉水植物群落

苦草群丛:主要分布于湖泊深水区,建群种为苦草,盖度 50%,伴生种主要有黑藻等。

苦草+细果野菱群丛:主要分布于湖泊深水区,建群种为苦草、菱类,盖度 55%,伴生种主要有黑藻、菹草、马来眼子菜等。

苦草+小茨藻群丛(Ass. *Vallisneria natans*+ *Najas minor*):主要分布于湖泊深水区,建群种为苦草、小茨藻,盖度 60%,伴生种主要有黑藻、菹草、大茨藻、马来眼子菜等。

5. 破罡湖

该水域有挺水植物 4 种,沉水植物 8 种,浮叶植物 3 种,漂浮植物 3 种。沿湖缘多分布挺水植物菰、芦苇和莲。芦苇较少见，多散生在菰丛间，莲分散在湖边或在菰丛内侧水面成片。湖域主要浮叶植物为菱，呈散生或小片状分布。湖体由于水不深，多数为沉水植物，种类较多，主要以聚草、苦草、金鱼藻为主。漂浮植物多分布在圩塘内，如槐叶苹、满江红、水鳖，圩塘边散生有香蒲。群落优势种为苦草、聚草、金鱼藻、菰、莲和菱等。

(1)挺水植物群落

菰群丛：沿湖岸边缘，有 5～30 m 宽不等间断分布的菰带，形成挺水植物沿岸生态带，菰在新河口附近有成片分布，芦苇散生在菰丛间。菰分布面积约 406 hm^2，占全湖总面积的 23%。

莲群丛：分布在菰群丛内缘或湖沿岸，成片生长，莲分布面积约 38 hm^2。

(2)浮叶植物群落

细果野菱＋芡实＋苦草群丛(Ass. *Trapa maximowiczii*＋ *Euryale ferox*＋*Vallisneria natans*)：浮叶植物以细果野菱和芡实为主，分布在大河沟以东水域，总盖度 100%，水深 0.9 m。四角刻叶菱成片散生在湖内，面积大小不等，菱分布面积 20 hm^2，占全湖面积的 10%。

细果野菱＋聚草＋金鱼藻群丛(Ass. *Trapa maximowiczii*＋*Myriophyllum spicatum*＋*Ceratophyllum demersum*)：位于石坝、大河沟 1.2 m 深水域，该群丛内还有菱和大茨藻生长。总盖度达 100%，附近水域有聚草群丛分布。

(3)沉水植物群落

苦草＋聚草＋细果野菱群丛(Ass. *Vallisneria natans*＋*Myriophyllum spicatum*＋*Trapa maximowiczii*)：沉水植物以苦草为主，并混合生长着菹草、聚草、黑藻，根据测样点统计，1 m^2 内苦草 92 株，聚草 16 株，并有黑藻、微齿眼子菜、金鱼藻少量分布，还有单株的菹草和大茨藻，该测样点水深 0.9 m，透明度达 0.9 m，pH5.4，底质为淤泥。近湖边浅水处，群丛内组成种类较多，群落盖度达 100%。

聚草群丛：分布在石坝附近水域，面积较大，背景化。盖度达 90%。全湖聚草分布面积 8 667 hm^2，占全湖总面积的 43%。

苦草＋金鱼藻群丛(Ass. *Vallisneria natans*＋ *Ceratophyllum demersum*)：在水波山以东 1 m 深水域。以苦草为主，金鱼藻为次，组成群丛盖度达 100%，从测点统计所得苦草 82 株 · m^{-2}，金鱼藻 61 株 · m^{-2}，并有单株的聚草、大茨藻生长。金鱼藻分布面积 267 hm^2，占全湖面积的 15%。

苦草群丛：是一个单种群落，盖度 100%，与苦草、金鱼藻群丛相连接。苦草分布面积 1 733 hm^2，占全湖总面积的 86.6%。

黑藻分布面积约 600 hm^2，占全湖总面积的 30%，黑藻分散分布，与其他植物组成多种复合群丛。

6. 菜子湖

组成菜子湖湿地植物群落的植物超过 17 种，其生态类型及种类数分别为：挺水植物 7 种，菰、芦苇、香蒲、莲、荆三棱（*Bolboschoenus yagara*）、荸荠、菖蒲；沉水植物 6 种，聚草、苦草、菹草、金鱼藻、黑藻、马来眼子菜；浮叶植物超过 2 种，荇菜、菱的混生种类；漂浮植物 2 种，满江红、水鳖。苦草、黑藻是该湖的建群种，数量多，密度大，分布面大，团块形分布；其他组成种类有菹草、聚草、小茨藻、金鱼藻、马来眼子菜等，随机型分布；而菰、香蒲、荸荠则成片生长在圩区。

（1）湿生及挺水植物群落

菰群丛：组成单种群丛，分布在圩区水塘和白兔湖湖汊，有芦苇散生在菰群丛内，面积为 733 hm^2，占菜子湖总面积的 4.4%；在杨湾圩区有少量分布，并有香蒲群丛或与菰草混生在一起。

荸荠群丛（Ass. *Heleocharis dulcis* var. *tuberosa*）：为先让村栽培种群，练坛附近圩区水域有分布，面积约 0.33 hm^2。

肉根毛茛群丛（Ass. *Ranunculus polii*）：早春 3 月，白兔湖东风圩湖滩有大面积肉根毛茛群丛分布，成片开黄花，是湖区的一大景观。

（2）浮水植物群落

菱群丛：分散分布或在东风圩成片，面积约 333 hm^2，占全湖总面积的 2%。此外，在先让村两岸湖面有马来眼子菜分布面积 133 hm^2、荇菜分布面积 40 hm^2。

（3）沉水植物群落

苦草群丛：菜子湖水域主要是苦草组成单种群丛，或在某些水域与黑藻、菹草、菱、小茨藻、聚草、马来眼子菜分别组成复合群丛。苦草分布面广，在东风圩苦草矮短，密度大，全湖分布面积约 11 333 hm^2，占全湖总面积的 68%。根据采样点测定，苦草依靠种子和营养芽体（块茎）繁殖，横走根茎节长约 7～12 cm，苗叶高 10～30 cm，随水底肥沃程度不同。菜子湖苦草单株湿重平均 6.5 g。

黑藻＋马来眼子菜群丛（Ass. *Hydrilla verticillata* ＋ *Potamogeton malaianus*）：分布在菜子湖车富两端湖面，分布面积约 1 070 hm^2，占全湖总面积的 6.4%。

聚草群丛：分布面积为 867 hm^2，占全湖总面积的 5.2%。菹草分布面积约 400 hm^2，占全湖总面积的 2.4%。

7. 白荡湖

该湖植被类型有沉水植物 4 种、浮叶植物 2 种、挺水植物 2 种，另外香蒲、莲在圩区生长。生态类型单一。以沉水植物为主，主要种类有苦草、聚草，其他有黑藻和大茨藻，菹草很少。浮叶植物有极少量细果野菱星散状随机分布。

苦草＋聚草群丛：主要优势种为苦草，稀疏分布遍及全湖，在有些水域地段，群落中还伴生着黑藻和大茨藻。苦草分布约 1 567 hm^2，占全湖总面积的 41%。

虉草群丛（Ass. *Phalaris arundinacea*）：位于湖口，面积约 8 hm^2，呈狭长带状。

芦苇群丛：位于湖口，狭长带状，面积为 12 hm^2。群落中生长着少量菰草。

8. 枫沙湖

组成枫沙湖植物群落的是沉水植物 2 种、浮叶植物 2 种、挺水植物 2 种。组成群落主要种类是苦草群丛,其分布面广,数量多,盖度大。聚草和菱零星分布。圩区有莲苦＋草群丛。该群落伴生聚草和菱,零星分布在湖区,数量极少。

9. 陈瑶湖

主要是挺水植物群落,组成种类为菰草、莲、芦苇和荆三棱,在上湖区分布有菰、荇菜、菱、细果野菱,中湖区为莲、菰、芦苇和菱,下湖区为芦苇、菰、菱、荆三棱。湖水深度不足 90 cm,水质透明度 30～40 cm,湖底淤积的腐草深厚。

挺水植物群落中,菰＋芦苇群丛(Ass. *Zizania caduciflora*＋ *Phragmites australis*)生长在湖边缘或浅水区,呈片状或带状分布,范围广,占湖面积的 50%以上。莲群丛、长芒稗和荆三棱群丛分布在菰群丛一侧。

浮叶植物群落中,菱群丛成片状散布,约有 35 hm^2。

(三)植被的季节变化

湖泊湿地的植被类型及植物种类随季节更替而变化,现以菜子湖为例,按调查季节分述如下。

1. 3 月份植被

3 月份为菜子湖的枯水期,水位很低,湖区多为滩涂,可徒步穿过湖心。此时的植物主要有:荇菜、马来眼子菜、聚草、陌上菅、肉根毛茛、石龙芮,虉草、朝天委陵菜、委陵菜、紫苜蓿、水田碎米荠、雨久花、蓼子草、荭蓼、水蓼、圆基愉悦蓼、绵毛酸膜叶蓼、愉悦蓼、杠板归、球须卷耳(*Cerastium glomeratum*)、亚大苔草、红穗苔草(*Carex argyi*)。其中,陌上菅、肉根毛茛、虉草、朝天委陵菜为主要的优势种。3 月份滩涂植被的主要群落类型以湿生和挺水植物群落为主,分布特点如下:

(1)陌上菅＋朝天委陵菜＋肉根毛茛群丛(Ass. *Carex thunbergii*＋*Potentilla supina*＋ *Ranunculus polii*)

该群丛占据湖滩绝大部分区域,为滩涂优势种,环湖均有陌上菅、朝天委陵菜和肉根毛茛,依此植被顺序由岸边向湖心内呈明显的 3 个环带状分布,其中以菜子湖的北部沿圩埂,西部从湖岸到湖内 500 m 范围内,吴庄－新屋－大胡庄东部范围的湖(30.880～30.910N,117.135～117.145E)和嬉子湖西从定位点(30.860N,117.030E)沿湖岸向南最多。伴生种包括虉草、蓼子草、水田碎米荠、圆基愉悦蓼、荭蓼和马来眼子菜等。

(2)虉草＋陌上菅群丛(Ass. *Phalaris arundinacea*＋*Carex thunbergii*)

虉草是最近几年刚大量繁盛的物种,有泛滥之势,目前在菜子湖北部(30.910～30.950N,117.060～117.090E)、中东部(30.790～30.810N,117.110～117.130E)和嬉子湖北部(30.865～30.884N,117.010～117.030E)集中分布,整个湖区亦有零星分布。伴生种:蓼子草、朝天委陵菜、荭蓼、水蓼、酸膜叶蓼、狗牙根(*Cynodon dactylon*)等。值得关注的是:陌上菅稠密的地方伴生有零星的马来眼子菜,而虉草较多的地方无沉水植物生长。

(3)朝天委陵菜群丛(Ass. *Potentilla supina*)

为滩涂陌上菅和肉根毛茛2个带之间的优势种。伴生种:荭蓼、水蓼、酸膜叶蓼。到了5月份至第2年早春之前,该带被陌上菅取代。

(4)肉根毛茛群丛

为滩涂最靠湖心带的优势种。伴生种有荭蓼、水蓼、酸膜叶蓼。到了5月份至第2年早春之前,该带也被陌上菅取代。

(5)菰群丛

集中分布在菜子湖东北部的湖滩中的池塘,沿线(30.925～30.935N,117.100E)呈零星分布。伴生种有虉草、蓼子草、水田碎米荠等。由于3月份在枯水期,因此挺水和沉水植物较少,在一些较湿润地段有马来眼子菜、聚草等生长,也有菱、菰等水生植物零星分布。

2.5月份植被

5月份水位仍未上涨,此时湖滩植被与3月份相比更为丰富。但是滩涂上,以前同区域分布的朝天委陵菜和肉根毛茛逐渐被陌上菅和虉草替代。陌上菅布满整个滩涂。5月份滩涂主要植物群落类型及分布特点如下:

(1)湿生及挺水植物群落

陌上菅＋虉草群丛:主要分布于菜子湖北部沿湖岸暂时没有被水淹没的地方,嬉子湖北部也较多,该群丛的伴生种有蓼子草、荭蓼、酸模叶蓼等。

陌上菅群丛(Ass. *Carex thunbergii*):主要分布在沿湖的湖滩上,与3月份不同的是此时陌上菅的带较窄。伴生种主要有蓼子草、荭蓼、酸模叶蓼,浅水处还伴生有苦草、马来眼子菜、黑藻等。

虉草群丛(Ass. *Phalaris arundinacea*):与3月份相同,主要分布在菜子湖西南部、北部,嬉子湖北部没有涨水的区域。与5月份相比,此时虉草非常旺盛,并开始开花。伴生种有荭蓼、酸模叶蓼、蓼子草,虉草稠密处看不到沉水植物。

菰群丛:菜子湖零星分布较多,其中以东北方向分布较为集中,分布于沿线(30.925～30.935N,117.100E),呈带状分布,涨水后陌上菅被淹,菰生长更旺盛。伴生种有聚草、黑藻、茶菱(*Trapella sinensis*)、荇菜、荸荠等。另外,在菜子湖西南处也有零星芦苇群丛,呈小斑块分布。

荭蓼＋酸模叶蓼群丛(Ass. *Polygonum orientale* ＋ *Polygonum lapathifolium*):整个湖面分布较多,特别在菜子湖南部有集中分布,由于荭蓼、酸模叶蓼能适应水生和陆生的双重生境,所以该群丛发育良好。

(2)浮水植物群落

菱群丛:全湖均有分布,是菜子湖分布面积最大的植物群丛之一。5月份调查菜子湖湖心(30.880～30.910N,117.070～117.100E)分布较多,沿湖泊水体边缘的浅水区亦有分布。浮叶植物主要有5种菱:细果野菱、菱、乌菱、四角菱、四角刻叶菱;另外荇菜、金银莲花、茶菱也常见。菱下生长的沉水植物主要包括聚草、黑藻、苦草等。

槐叶苹＋满江红群丛：主要分布于湖泊浅水区，深水区也有零星分布，建群种为槐叶苹、满江红，伴生种有水鳖、荇菜、紫萍(*Spirodela polyrrhiza*)、浮萍、少花狸藻、凤眼莲等。

凤眼莲群丛(Ass. *Eichhornia crassipes*)：主要分布于湖泊浅水区，深水区也有零星分布，建群种为凤眼莲，伴生种有野菱、少花狸藻、紫萍、浮萍等。

少花狸藻群丛(Ass. *Utricularia exoleta*)：主要分布于湖泊浅水区，深水区也有零星分布，建群种为少花狸藻，伴生种有喜旱莲子草、荇菜、紫萍、浮萍、水茫草(*Limosella aquatica*)、凤眼莲等。

(3)沉水植物群落

黑藻＋马来眼子菜群丛(Ass. *Hydrilla verticillata* ＋ *Potamogeton malaianus*)：主要分布在由桐城到枞阳一带，沿枞阳向北也有大量分布。伴生种有菰、菱(*Trapa* spp.)、苦草、小茨藻、金鱼藻等。另外在各围网之间的航道往往大量着生。

聚草＋苦草群丛(Ass. *Myriophyllum spicatum* ＋ *Vallisineria spiralis*)：在松山至朱潭村沿途有大量分布，伴生种包括茨藻类、黑藻、黄花狸藻等。

3. 8—9 月份植被

8—9 月份为菜子湖的丰水期，随着水位上涨，湖面达到最大，调查时多采用样线和样点相结合的方法，乘船调查湖中水生植物种类、植物群落类型以及浮游生物取样，此时滩涂植物被水淹没，而水生植物群落发达。此时期的主要植物群落类型及分布特点如下：

(1)湿生及挺水植物群落

荭蓼＋酸模叶蓼群丛：整个湖面均有分布，特别在被水淹没的圩埂、湖滩处较为集中。在嬉子湖的西部沿岸，离岸 200 m 处的水域、菜子湖与嬉子湖交界处以及菜子湖的北部以 30. 940N，117. 090E 和 30. 938N，117. 065E 沿岸向南分布较多，伴生种主要是菱、荇菜、黑藻、马来眼子菜等。

菰群丛：主要分布在菜子湖以北(30. 900～30. 933N，117. 080～117. 090E)一带，在(30. 767N，117. 090E；30. 757N，117. 110E；30. 772N，117. 108E)处分布较多，嬉子湖的北部(30. 868N，117. 018E；30. 880N，117. 028E)沿岸分布较多，西部靠近岸边分布较多，并且沿湖岸处较容易看到零星菰，是菜子湖的主要挺水群落之一，伴生种有菱、茶菱、黑藻、聚草等。

芦苇群丛(Ass. *Phragmites australis*)：集中分布于菜子湖北部(30. 938N，117. 078E)和(30. 847N，117. 088E)两点间、西部(30. 785N，117. 082E)点附近及嬉子湖的南部(30. 773N，117. 041E)，伴生种有菱、荇菜、茶菱、黑藻、聚草、马来眼子菜等。

长芒稗群丛(Ass. *Echinochloa caudata*)：集中分布于菜子湖的北部(30. 922N，117. 078E)和(30. 939N，117. 079E)两点间，呈狭长的带状分布，其他湖区少见。

(2)浮水植物群落

菱群丛：全湖分布广泛，尤其沿湖泊水体边缘的浅水区较常见，如嬉子湖北部

(30.858～30.91873N,117.024 70～117.044E)范围内沿岸及菜子湖南部(30.754N,117.093E; 30.758N,117.095E)、中部(30.848～30.888N, 117.090～117.135E)有大范围集中分布。主要伴生种有喜旱莲子草(*Alternanthera philoxeroides*)、凤眼莲(*Eichhornia crassipes*)、茶菱、荇菜、菰、黑藻、马来眼子菜、聚草等。

荇菜群丛(Ass. *Nymphoides peltata*):在菜子湖中部(30.855N,117.110E)处的大范围有集中分布,菜子湖东北部(30.940N,117.098E)靠近岸也有分布。伴生种有菱、聚草、黑藻、马来眼子菜和金银莲花等。

喜旱莲子草＋凤眼莲群丛(Ass. *Alternanthera philoxeroides*＋*Eichhornia crassipes*):多分布于公共水域,特别是沿河道两边分布较多。在菜子湖的东北角沿岸(30.948N,117.090E)集中分布。伴生种多为荭蓼、酸模叶蓼和长芒稗等。

(3)沉水植物群落

黑藻＋苦草＋小茨藻群丛(Ass. *Hydrilla verticillata*＋*Vallisneria natans*＋*Najas minor*):全湖均有分布,其中以枞阳县雨潭附近(30.773～30.810N, 117.103～117.130E)分布较为集中。伴生种有聚草和微齿眼子菜等。

马来眼子菜群丛:全湖均有分布,在围网之间的公共河道处一般较多,菜子湖中部(30.805N, 117.105E 及 30.846N, 117.095E; 30.870N, 117.098E 及 30.897N, 117.085E; 30.878N, 117.072E 及 30.894N, 117.093E 之间)呈带状集中分布。伴生种有菱、苦草、聚草、黑藻、金鱼藻、荇菜、微齿眼子菜等。

苦草群丛:全湖均有分布,是菜子湖重要的沉水植被之一,朱潭村(30.823N, 117.090E)向北 5 000 m 分布较集中。伴生种有黑藻、马来眼子菜、水车前、聚草、菱、酸模叶蓼等。

聚草群丛:全湖分布较广,以菜子湖中部(30.863N, 117.110E 和 30.897N, 117.095E)呈带状集中分布,在(30.893～30.900N, 117.070～117.080E)范围内分布也较多。伴生种有马来眼子菜、苦草、黑藻、菱、菰等。

金鱼藻群丛(Ass. *Ceratophyllum demersum*):与以上几个群丛相比分布较少,集中于朱潭村向北 2 000 m 湖区(30.837N, 17.091E)附近。伴生种有苦草、马来眼子菜、聚草、菱、酸模叶蓼等。

综合已有调查资料及实际调查,安庆沿江湖泊湿地植被类型的变化及分布呈现以下显著的特点:1985 年及之前,各湖内的水生植物丰富,多以马来眼子菜、苦草、黑藻为主要优势种,水草可谓丰美。但随着经济发展,各湖泊受到人为干扰加大。从 1990 年起各湖内开始养蟹,放养草鱼,种植菱、莲,到 1995 年能觉察到水生植物数量有所减少。2001 年对安庆沿江调查的数据也显示常见水草如苦草、黑藻、马来眼子菜、金鱼藻在当时仍占明显优势,但菱已经成为最优势种群,铺满水面。但最近 5 年来,湖泊的大部分水面已被承包进行渔业养殖和利用,因沉水植物消失,菱、莲大量增长。目前,由于过度渔业放养及滥捞水草,现在安庆沿江各湖泊湿地除了菱、莲以外,苦草、马来眼子菜、黑藻、金鱼藻等已明显失去其原有的优势地位,这势必影响到整个湖泊湿地生态系统的安全。因而，退耕休渔，恢复水草将是未来的重要工作内容。

三、植被演替

湿地生态系统处在产生、发展和演替过程中。初步调查研究表明，影响安庆湿地植物群落演替的环境因子是多方面的。不可抗拒的自然灾害和人为干扰导致其他因素改变，使某些植物种类被替代，湖泊沼泽化。

自然作用主要是洪水侵入淹没时间长久，使湖泊植物种类发生更替。水生植物分布与水深度、水透明度有密切的关系。存水期长、气温高导致水温高、混浊度大（水质透明度小），一些浮叶植物、挺水植物沉没在水中，得不到光照而枯腐，一些沉水植物因水混浊，同样得不到充足阳光，而逐渐影响其生长发育。

20 世纪 80 年代调查资料表明，龙感湖以马来眼子菜为最多，遍布全湖。而现在只是零星小块状分布，从单株到丛生 1～5 m^2 的分布，在湖心区不多。黄大湖也是这样，马来眼子菜现被野菱、苦草所替代。破罡湖的微齿眼子菜种群被聚草、苦草所替代。陈瑶湖沼泽化明显，已基本上无沉水植物，取而代之的是大量、大面积的挺水植物菰、芦苇和莲。枫沙湖只有苦草为主的沉水植物，无挺水植物生长。武昌湖的下湖区冲刷沉积形成草海滩，人为围湖造田，使湿地面积减小。野菱、芡实由于果实、种子成熟后沉入水中或漂流扩大了新领地区域范围，年复一年的发展，形成大面积的浮叶植物群落，致使一些沉水植物因得不到阳光而影响生长发育，聚草、马来眼子菜逐渐在种群竞争中消亡。相反，浮叶植物野菱面积扩大，密度增大，覆盖度高，以致湖面基本上是野菱，一到秋季植株死亡后腐烂而使水质恶化。

人为干扰有两方面：一是过度、不科学地放养大量食草性鱼类、蟹，造成水生植物种类减少；沿湖居民为短期经济效益捞水草出售给外地种植；盲目地捞水草作肥料、饲料。另一方面是在经济利益驱动下，大水面分割承包，渔业养殖公司承包后为各自发展养殖，采取围网箔养殖，在养殖区内人工清除水草，水草几乎殆尽，尤其是黄大湖、龙感湖、泊湖和菜子湖，最典型的是龙感湖的北家湖，黄大湖的六昌湖、赤壁湖、大赛湖湾、沙湾湖等。

四、重要经济资源植物

安庆湿地植物有许多种类，资源类型很多，能给人类提供食品、药材、轻工业原材料、手工业用材、牲畜饲料、农田绿肥、渔业养殖的饵料、观赏花卉等，还能保护环境，在淡水湿地生态系统中作为基础。某些种类还发展为出口创汇商品。因此湿地植物经济价值将会随着我国经济的发展越来越显示其重要性。

（一）食品类

荸荠、菰、芡实、菱属（*Trapa* spp.）、莲（*Nelumbo nucifera*）等在安庆湿地较多，分布面积大。

荸荠又名马蹄，属莎草科植物。栽培水田，花果期 5－9 月份。球茎供食用，也可药用，开胃解毒、清热止渴、降血压。

菰又名茭白，属禾本科植物。茎秆基部因真菌寄生后变得肥嫩而膨大，可作蔬菜食用。8月份开花，秋季结实，即菰米，白而滑腻，做饭香脆，可食用，花果期在9—10月份。可在各地池塘、湖沼栽培。其又是固堤或湖沼变干的先锋植物。

芡实又名鸡头米，属睡莲科植物。4—5月份出芽、长叶，7—8月份开花，8—10月份结果成熟，种子外面有粘胶质假种皮，随水漂移，俟胶质腐烂后，种子沉入水底侵入领地，扩大分布范围。芡实种子食用，有补脾益肾功效，亦可酿酒及制副食品，嫩叶柄可作蔬菜。全株亦可作饲料和绿肥。

菱属菱科植物，其种类较多，有红菱(乌菱)、二角菱、野菱、细果野菱，4—5月份发芽长枝叶，6—8月份开花结实，9—10月份果熟。菱果可熟食或生食，酿酒或提取菱粉；茎叶可作蔬菜或作饲料。

莲属睡莲科植物，多年生草本，具肥厚根状茎，叶挺出水面。花期为6—9月份，果期为8—10月份，栽培或逸为野生。茎为藕，可生食或作菜蔬，或加工成副食品；莲子可生食或煮食；荷叶可作包装用，亦可供观赏。

(二)药物类

香蒲属香蒲科植物，多生长在湖缘滩涂或圩区圩塘。5—7月份开花，果期为8—10月份。蒲草是造纸原料，可编蒲包、蒲；蒲绒作枕芯填充物；花粉蒲黄入药，止血消炎，治心血管疾病。

菖蒲属天南星科植物，多年生挺水草本，多生于圩区沟、塘。根茎含挥发油约1.3%，全草芳香，可作香料；根茎入药。

(三)轻工业类

以菱米、莲子、芡实米为原料生产的酒，具有补肾益脾、安神、抗衰老、降血压等作用，畅销全国各地，还远销美、法、日本等国。

(四)手工业类

灯心草(*Juncus effusus*)可用于编席。

(五)饲料类

苦草、黑藻等可用作家畜、禽、鱼饲料，或野生候鸟、珍禽鸟类的食料。此外，如以菰和眼子菜、金鱼藻、黑藻、聚草等植物为主要原料，晒干后打成粉(称扎粉)，可出口日本，增加出口资源。

(六)其他

还有一些野生植物种类具有较高的经济价值。如芦苇、狗牙根、狗尾草在安庆沿江湖泊湿地广泛分布，常于圩沼、河边、湖缘浅沼生长，但不成大面积，而是小块状散生或与菰混生。

芦苇属被子植物门单子叶植物纲莎草目禾本科芦苇属植物，是多年生挺水植物，4月份返青，7—9月份开花，8—10月份成熟。生育期为190 d左右。以无性繁殖为主，根状茎在地下10～30 cm的混土中横走，节间较长，在节上具有不定根和芽，再生能力强。其典型生境是常年积水的湖滩、低地或泥质冲积地带。芦苇喜光照，在通风透光、温度又较高的夏季生长很快。芦苇抗寒冷，地下根茎在冬季下降到－30℃仍能顺利越冬，翌年正常返青。影响芦苇正常生长的各生态因子中，水是其主要的限制因子，在浅水中的芦苇群落常伴生其他水生植物。

芦苇根茎入药，含天冬酰胺、薏苡素，另含蛋白质1.4％、糖类2.8％、脂肪0.2％及淀粉等。具清热生津止渴之功效。苇秆坚韧，可编芦席、苇箔等。芦秆含水11.15％、纤维素类57％（其中纤维素41.5％、木质素16.1％）、多缩戊糖26.52％、灰分4.73％。其纤维长度达277.2～2 919 μm，平均为905.1 μm，直径平均为13.2 μm，是造纸的优良原料。芦苇茎叶质地较为粗糙，是中等饲用植物，采食期长，价值较高。可割刈部分芦苇进行编席和打苇箔生产，还可为造纸厂提供优良的造纸原料。适量采挖根茎进行药材加工。

狗尾草属被子植物门单子叶植物纲莎草目禾本科狗尾草属植物。主要分布在农耕地和撂荒地和湖边浅滩上，对牲畜适用性强，所以是优良牧草，也可刈割作冬贮干草。狗尾草4月下旬发芽生长，随气温增加，生长迅速，8月份开花结实。

狗尾草茎叶柔软，无论鲜草还是干草，都是优良牧草，马、牛、羊均喜食，在夏末秋初还可供禽、鱼食用。因此可用于放牧或割刈为干草，在夏秋两季播种栽培狗尾草，进行畜牧养殖。

狗牙根属被子植物门单子叶植物纲莎草目禾本科狗牙根属植物。该植物在安庆湿地主要分布在堤岸等地下水位较高的土上。一般繁殖以种子和营养繁殖两种方式，靠匍匐茎和根茎扩展蔓延，形成致密的草皮。狗牙根喜热不耐寒，靠根茎和匍匐茎越冬，第二年春靠这两部分休眠芽萌发生长。能耐较长时间的干旱，但干旱条件下生长缓慢。由于狗牙根具有强大的生殖力，从而使它具有很强的竞争力，其发达的匍匐茎在适宜的土壤条件下能迅速蔓延，据资料记载，其日生长速度为0.91 cm，最高达1.4 cm。一株狗牙根的茎可长达1 m以上，茎节有20～30个。由于其新老匍匐茎在地面上向各个方向穿插，交织成网，覆盖地面，使其他植物不易侵入，形成以狗牙根占优势的植物群落。

狗牙根植物在幼嫩时期，粗蛋白质占干物质的17.58％，草质柔软，叶量丰富，耐践踏，是一种优良牧草。由于生长快，每年可割刈3～4次，一般每年可收干草1 500～3 000 $kg \cdot hm^{-2}$，在肥沃的土壤上可收割干草7 500～11 250 $kg \cdot hm^{-2}$。狗牙根根茎延伸力强，根系多，发达，也是一种很好的覆被植物。可做草皮，保持水土。

根据狗牙根的习性，可以在较大面积而繁茂的草场开发为牧场，进行畜牧生产，同时也可割制干草作为家畜的冬季饲料。可发展狗牙根作为美化环境、保持水土之用。适量采集狗牙根的根茎，制作药材，有清血之效。

第五章　无脊椎动物

一、底栖动物

（一）种类组成

根据《中国淡水鱼类养殖学》、《长江主要经济鱼类资源调查报告汇编》、《安徽省长江水系重点水域渔业资源调查报告汇编》、《中国湖泊志》以及安庆市林业局组织的2001年沿江湿地调查和2008年以来的菜子湖调查，目前安庆沿江湖泊湿地共记录有底栖动物14目、31科、57属、86种，其中软体动物44种、环节动物11种、节肢动物31种（附录4）。湖泊分布及种类组成如下：龙感湖共43种，其中环节动物7种、软体动物22种、节肢动物14种；黄大湖共34种，其中环节动物6种、软体动物20种、节肢动物8种；泊湖共33种，其中环节动物5种、软体动物21种、节肢动物7种；菜子湖共50种，其中环节动物7种、软体动物26种、节肢动物17种（表5—1）。据2001年调查，安庆沿江各湖泊的底栖动物均以软体动物种类最多，环节动物的种类最少，其中菜子湖的软体动物、节肢动物种类均位于各湖泊之首。龙感湖的优势种为尾鳃蚓、梨形环棱螺（*Bellamya purificata*）、淡水壳菜（*Limnoperna lacustris*）和摇蚊幼虫；黄大湖的优势种为尾鳃蚓；泊湖的优势种为尾鳃蚓、长角涵螺（*Alocinma longicornis*）；菜子湖底栖动物的优势种为尾鳃蚓（*Branchiura* sp.）、环棱螺（*Bellamya* sp.）、摇蚊幼虫（*Chironomus* sp.）；武昌湖的优势种为尾鳃蚓、环棱螺、羽摇蚊（*Chironomus plumosus*）；破罡湖的优势种为尾鳃蚓、梨形环棱螺；菜子湖和白荡湖的优势种均为尾鳃蚓、环棱螺、摇蚊幼虫；枫沙湖的优势种为环棱螺、淡水壳菜、尾鳃蚓；陈瑶湖的优势种为尾鳃蚓和摇蚊幼虫。

表5—1　安庆沿江湿地各主要湖泊底栖动物的种类组成

湖泊	种数合计	软体动物种数/种			环节动物种数/种				节肢动物种数/种		
		小计	腹足类	瓣鳃类	小计	多毛类	寡毛类	蛭类	小计	甲壳类	昆虫类
龙感湖	43	22	14	8	7	1	5	1	14	5	9
黄大湖	34	20	8	12	6	1	4	1	8	2	6
泊　湖	33	21	8	13	5	1	3	1	7	4	3
武昌湖	14	5	2	3	2		2		7	2	5
破罡湖	16	8	5	3	4		2	2	4	1	3
菜子湖*	50	26	12	14	7	1	4	2	17	3	14
白荡湖	15	6	5	1	4		3	1	5	1	4
枫沙湖	13	9	6	3	1		1		3	1	2
陈瑶湖	8	4	2	2	1		1		3	1	2
总　计	86	39	20	19	10	1	8	1	28	7	21

注* 菜子湖来自2008—2009年调查，其他湖来自2001年调查。

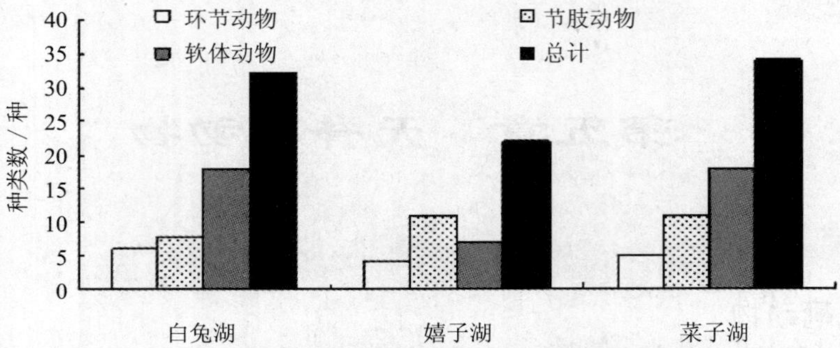

图 5－1　2008－2009 年菜子湖 3 个湖区中大型底栖动物各主要类群的种类数

2008－2009 年对菜子湖的底栖动物调查发现其优势种为摇蚊(*Chironomus* sp.)、苏氏尾鳃蚓(*Branchiura sowerbyi*)、长角涵螺(*Alocinma longicornis*)。与以前的研究数据对比发现，白兔湖和菜子湖以软体动物种类最多，嬉子湖以节肢动物种类最多，环节动物在 3 个区的种类数差异较小(图 5－1)。菜子湖中新发现底栖动物 8 种，其中软体动物 6 种：湖北钉螺(*Oncomelania hupensis*)、射线裂脊蚌、中华圆田螺(*Cipangopaludina cathayensis*)、扭蚌(*Arconaia lanceolata*)、剑状矛蚌(*Lanceolaria gladiola*)、短褶矛蚌(*Lanceolaria grayana*)；节肢动物 2 种：罗干小突摇蚊(*Micropsectra logana*)、侧叶雕翅摇蚊(*Glyptotendipes lobiferus*)。

(二)数量和生物量

1. 底栖动物的数量

各湖泊底栖动物数量有较大差异，且每一湖泊内的各类底栖动物数量差异更大。各湖泊的底栖动物数量平均为 109.57 ind. · m^{-2}，最多的为武昌湖，平均数量为 270.50 ind. · m^{-2}；最少的为黄大湖，平均数量为 50.90 ind. · m^{-2}。在各湖泊的底栖动物中，软体动物数量相对较多的有龙感湖、泊湖、破罡湖、白荡湖、枫沙湖；环节动物数量相对较多的有黄大湖、菜子湖；节肢动物数量相对较多的有武昌湖、陈瑶湖(表 5－2)。

表 5－2　安庆沿江湿地各主要湖泊底栖动物的数量

湖泊	平均数量	底栖动物数量/(ind. · m^{-2})			各类底栖动物所占比例/%		
		软体动物	环节动物	节肢动物	软体动物	环节动物	节肢动物
龙感湖	129.22	75.52	41.50	12.19	58.4	32.1	9.4
黄大湖	50.90	14.59	27.68	8.62	28.7	54.4	16.9
泊　湖	76.57	47.80	25.23	3.54	62.4	33.0	4.6
武昌湖	270.50	13.50	45.00	212.00	5.0	16.6	78.4
破罡湖	75.84	44.17	26.67	5.00	58.2	35.2	6.6
菜子湖	77.00	18.08	34.62	24.30	23.5	45.0	31.6
白荡湖	103.75	61.25	18.75	23.75	59.0	18.1	22.9
枫沙湖	130.91	109.09	18.18	3.64	83.3	13.8	2.9
陈瑶湖	71.43	2.86	20.00	48.57	4.0	27.9	68.7
平　均	109.57	42.98	28.62	37.96	39.2	26.1	34.7

2. 底栖动物的生物量

安庆沿江各湖泊的底栖动物生物量相差也较大，且每一湖泊内的各类底栖动物生物量相差更大。各湖泊的底栖动物生物量平均为 94.34 g·m^{-2}，最多的为陈瑶湖，平均生物量为 371.67 g·m^{-2}(1 只背角无齿蚌重 129.2 g)；最少的为黄大湖，平均生物量仅为 15.65 g·m^{-2}。在各湖泊的各类底栖动物中，软体动物生物量占绝对多数，环节动物生物量相对较多的为黄大湖，节肢动物生物量相对较多的是武昌湖(表 5—3)。

表 5—3 安庆沿江湖泊湿地各主要湖泊底栖动物的生物量

湖泊	底栖动物生物量/(g·m^{-2})				各类底栖动物所占比例/%		
	生物量	软体动物	环节动物	节肢动物	软体动物	环节动物	节肢动物
龙感湖	85.67	83.23	2.40	0.07	97.1	2.8	0.1
黄大湖	15.65	13.10	2.51	0.04	83.7	16.0	0.3
泊 湖	44.51	42.53	1.19	0.78	95.5	2.7	1.7
武昌湖	49.28	38.40	3.31	7.57	77.9	6.7	15.4
破罡湖	35.49	32.59	2.54	0.37	91.8	7.2	1.0
菜子湖	32.71	30.76	1.77	0.18	94.1	5.4	5.4
白荡湖	114.05	112.13	0.35	1.62	98.3	0.3	1.4
枫沙湖	100.00	95.00	1.91	3.09	95	1.9	3.1
陈瑶湖	371.67	369.10	2.03	0.54	99.3	0.5	0.2
平 均	94.34	90.76	2.00	1.58	96.2	2.1	1.7

(三)底栖动物演变趋势

1. 种类的变化

20 世纪 80 年代调查安庆沿江湿地计有底栖动物 55 种，2001 年调查有 51 种，其中有 27 种历史上无记录，如齿吻沙蚕、头鳃虫、颤蚓、宽身扁蛭、大脐圆扁螺、尖口圆扁螺、圆头楔蚌、球形无齿蚌、中国淡水蛏、长江华溪蟹、蜉蝣、长晴、蟌、瘦蟌、纹石蚕、长角石蚕、石蚕、虻、前突摇蚊、粗腹摇纹、菱跗摇蚊、流水长跗摇蚊、隐摇蚊、细长摇蚊、羽摇蚊、多足摇蚊和一种蠓蚊幼虫。这 27 种中，节肢动物和环节动物占绝大多数，其原因可能与历史上对节肢动物和环节动物调查不够细致有关。而历史上有记录现在未发现的有 31 种，这 31 种中，软体动物占 22 种，这可能受湿地环境的变化和人为因素的影响，一些种类尤其是软体动物大大减少或消失。各个湖泊的优势种均发生显著改变，由软体动物为主改变为以尾鳃蚓为主(表 5—4)。2008—2009 年调查菜子湖底栖动物新增 8 种，其中新增种类种以软体动物和节肢动物为主。

表 5—4 安庆沿江湿地各主要湖泊底栖动物的优势种组成的变化

湖泊	种数/种		优势种	
	1985 年	2001 年	1985 年	2001 年
感 湖	33	28	河蚬、水生昆虫	尾鳃蚓、环棱螺、淡水壳菜
黄大湖	23	21	河蚬、中国圆田螺	尾鳃蚓
泊 湖	18	22	河蚬、淡水壳菜	尾鳃蚓、长角涵螺
菜子湖 *	18	28(39)	河蚬、背角无齿蚌、纹沼螺	尾鳃蚓、环棱螺、摇蚊幼(摇蚊属、苏氏尾鳃蚓、长角涵螺)

注：* 菜子湖所在行的括号中为 2008—2009 年调查所得结果。

根据表 5—4 可以看出，1985—2001 年间，安庆沿江湿地各个湖泊的底栖动物优势种均发生变化，1985 年调查各湖泊主要以软体动物为优势种，而 2001 年调查，软体动物分布密度大大减少，各湖泊均以尾鳃蚓为主，其主要原因可能包括：一是人为捕捞，由于近年来安庆沿江湖泊养蟹业发展较快，对软体动物、水草等渔业资源破坏严重，为保证渔业养殖效益，承包户大量收购这些资源，促使湖泊沿岸居民捕捞并贩卖软体动物，致使软体动物大量减少；二是生境质量的下降，湖泊周边滩涂被大量围垦，水体流失加剧，造成湖底淤泥不断增厚，提高了湖泊底质的有机质含量，适宜环节动物和节肢动物的栖息繁殖，使其密度大量增加，而适宜软体动物生存的石质和沙质滩涂大量减少，进一步加剧了软体动物的减少。

2. 数量和生物量的变化

1985—2001 年，安庆沿江湖泊湿地各主要湖泊底栖动物的数量和生物量均呈现下降趋势，其中以软体动物的生物量下降趋势最为显著。其中，龙感湖全湖平均数量由 1985 年的 420.46 ind. · m^{-2}减少到 2001 年的 129.22 ind. · m^{-2}，生物量由 115.82 g · m^{-2}降低到 85.70 g · m^{-2}；黄大湖数量由 238.22 ind. · m^{-2}减少到 50.89 ind. · m^{-2}，生物量仅为 15.64 g · m^{-2}，不足 1985 年的 1/10。以菜子湖为例，其底栖动物数量虽然变化较小，但生物量降幅依然很大（表 5—5）。导致各湖泊底栖动物生物量降低的主要因素是软体动物数量减少以及软体动物种类的变化，如河蚬、背角无齿蚌等个体较大种类的软体动物数量大量减少。2008—2010 年调查结果与 2001 年调查的数据相比，大型底栖动物的数量和生物量都显著减少，分别仅为 2001 年的 71.7％和 60.0％。2007—2008 年调查新发现大型底栖动物 11 种，但多数种类的数量较少，虽然罗干小突摇蚊、侧叶雕翅摇蚊等个别种类的数量较大，但由于其生物量较小，并不能改变大型底栖动物数量和生物量减少的事实。其中，软体动物数量变化很小，但生物量仅为 2001 年的 63.0％，表明个体较大的软体动物大量减少，软体动物个体趋于小型化。

3. 底栖动物的多样性分析

安庆沿江湖泊湿地共记录底栖动物 86 种，占安徽省底栖动物 111 种的 77.5％，可见安庆湿地底栖动物丰富度较高。其中扭蚌、三角帆蚌（*Hyriopsis cumingii*）、洞穴丽蚌（*Lamprotula caveata*）、楔形丽蚌（*Lamprotula bazini*）、高顶鳞皮蚌（*Lepidodesma languilati*）、中国淡水蛏（*Novaculina chinensis*）5 种软体动物均为中国特有种。

根据 2001 年的调查数据，对各湖泊按 Shannon-Wiener 指数 $H' = -\Sigma P_i(\log_2 P_i)$ 进行多样性分析，指数分别为：龙感湖（龙湖汊）3.17，黄大湖 2.49，泊湖 3.36，武昌湖 1.24，破罡湖 3.17，菜子湖 3.85，白荡湖 2.85，枫沙湖 2.52，陈瑶湖 1.54。由此可见，各湖泊多样性具有一定的差异，指数在 3 以上的有龙感湖、菜子湖、泊湖、破罡湖，指数最高的是菜子湖达 3.85，较低的为陈瑶湖、武昌湖，分别为 1.54 和 1.24。底栖动物的多样性反映了湖泊生境的状况，龙湖、菜子湖以及破罡湖，沉水植物盖度大，透明度高，而陈瑶湖、武昌湖湖水透明度低，除了大量挺水植物外，沉水植物稀少。2008 年 7 月—2009 年 6 月在菜子湖不同养殖程度的白兔湖、嬉子湖和菜子湖 3 个湖区，对环节、软体和节肢动物的数量和生物量进行了调查，结果表明，白兔湖和菜子湖大型底栖动物 Shannon-Wiener 指数分别为 2.25、1.71，嬉子湖仅为 1.44。与 2001 年相比，大型底栖动物的优势种发生了改变，群落多样性显著降低。

表 5－5　安庆沿江湿地各主要湖泊底栖动物数量和生物量比较

湖　泊	年　份	全湖平均		软体动物			环节动物			节肢动物		
		数　量/ind.·m^{-2}	生物量/g·m^{-2}	数　量/ind.·m^{-2}	生物量/g·m^{-2}	生物量占百分比/%	数　量/ind.·m^{-2}	生物量/g·m^{-2}	生物量占百分比/%	数　量/ind.·m^{-2}	生物量/g·m^{-2}	生物量占百分比/%
龙感湖	1980－1981 年	420.46	115.82	146.40	113.20	97.74	62.86	0.46	0.39	211.2	2.16	1.86
	2001 年	129.22	85.70	75.52	83.23	97.11	41.50	2.40	2.80	12.19	0.13	0.08
黄大湖	1980－1981 年	238.22	239.29	118.67	238.37	99.61	107.11	0.75	0.31	21.45	0.16	0.08
	2001 年	50.89	15.64	14.59	13.09	83.71	27.68	2.51	16.03	8.62	0.04	0.25
泊湖	1980－1981 年				33.87							
	2001 年	76.56	44.51	47.79	42.53	95.54	25.23	1.18	2.67	3.54	0.78	1.78
武昌湖	1980－1981 年	118	293.72	85	293.17	99.81	33 *	0.553 *	0.19			
	2001 年	270.5	49.27	13.5	38.40	77.92	45	3.313	6.7	212	7.565	15.4
破罡湖	1980－1981 年	163.21	131.21	129.96	128.02	97.56	27.80	0.54	0.46	5.45	2.60	1.98
	2001 年	75.84	35.49	44.16	32.58	91.81	26.66	2.54	7.16	5	0.36	1.03
菜子湖	1980－1981 年	85	164.10		163.79	99.82		0.3 *	0.18			
	2001 年	76.99	32.70	18.07	30.76	94.05	34.61	1.76	5.40	24.30	0.17	0.53
白荡湖	年份不详		357.10 * *									
	2001 年	103.75	114.05	61.25	112.12	98.31	18.75	0.31	0.27	23.75	1.61	1.42
枫沙湖	2001 年	130.91	100	109.9	95	95	18.18	1.909	1.91	3.636	3.092	3.09
陈瑶湖	2001 年	71.43	371.67	2.86	369.1	99.3	20	2.029	0.546	4.857	0.543	0.146

注：* 指含水生昆虫，* * 指《中国湖泊志》(王苏民，窦鸿身，1998 年)。

4. 底栖动物的保护与利用

底栖动物是湿地生态系统的重要组成部分，参与湿地生态系统的物质循环和能量流转，它作为次级消费者，一方面摄取水体中的有机碎屑，另一方面它又是其他动物的饵料尤其是部分鱼类和水鸟的重要食物源。因此，底栖动物在湿地生态系统中的地位和作用是非常重要的。此外，软体动物还具有重要的经济价值，如河蚬、螺类、蚌类可食用，这类软体动物目前市场销路很好。

安庆沿江湿地底栖动物主要受人为因素的影响，近 20 年来大大减少。从现状看，当前重点是要做好软体动物资源的增殖与保护，在此基础上合理开发利用。首先，要采取措施，制止酷捕滥捞。其次，软体动物作为鱼类的重要饵料，在提高鱼产量方面有重要作用，因此，湖区养殖区域要针对底栖动物的资源状况，调整养殖结构，合理搭配养殖品种，这也符合渔业生产自身的要求。三是要将软体动物资源的增殖、利用和渔业资源及保护区管理有机结合，在不同区域、不同时间，采取各种行之有效的管理方法，确保软体动物资源的合理利用。

二、昆虫

2009 年 5 月和 7 月，对菜子湖湿地的昆虫进行了实地调查，以周边的先让、车富、罗岭 3 个地点作为重点调查区域，沿湖岸在稻田、草丛沼泽、苇塘沼泽和人工针、阔混交林等不同生境中，用捕虫网、翻石头、水网等方法采集昆虫标本。调查共发现昆虫 12 目、50 科、70 种(附录 5)，其中，鞘翅目最多，有 12 科、22 种，其次鳞翅目为 9 科、15 种，两者占据了总种数的 53.6%，脉翅目、革翅目、螳螂目的种类较少。鞘翅目的科数占总科数的 24%，种数占总种数的 31.9%；鳞翅目的科数占总科数的 18%，种数占总种数的 21.7%。鞘翅目昆虫无论是科数还是种数都是最多的，是菜子湖区的绝对优势目。其中鳞翅目科数和种数第 2，半翅目科数和种数第 3，它们也是菜子湖湿地的优势目。但显然，由于采集时间、采集规模及采集人员等因素的影响，本次调查采集范围小、周期短、种类少，只能粗略地反映菜子湖区的昆虫多样性。

第六章 脊椎动物

一、鱼类

(一)种类组成

依据《中国鱼类志》的记载,安庆沿江湖泊湿地在1980年前的多次鱼类调查共记录到鱼类12目、22科、59属、78种。经2001年调查,安庆沿江湿地共有鱼类记录9目、18科、59属、81种,其中长江水系特有种11种,在龙感湖记录到鱼类81种、黄大湖记录到鱼类80种、泊湖记录到鱼类75种、武昌湖记录到鱼类53种、白荡湖记录到鱼类56种、菜子湖记录到鱼类52种、陈瑶湖记录到鱼类44种。2007—2008年调查记录到菜子湖鱼类10目、18科、59属、81种。到目前为止,安庆沿江湖泊湿地共记录到鱼类10目、20科、63属、91种(附录6)。

从分类组成上来看,安庆沿江湖泊湿地鱼类以鲤科鱼类为主,占到该区域鱼类物种总数的67%,其他各科鱼类仅占33%。鲤科鱼类有胭脂鱼、鲃亚科、鮈亚科、鲌亚科、鱊(鳑鲏)亚科、鲴亚科、雅罗鱼亚科、鲢亚科和鲤亚科8个亚科组成,鮈亚科占23.3%,鲌亚科占23.3%,鱊(鳑鲏)亚科占18.3%,鲴亚科占10%,雅罗鱼亚科占8.3%,其他3科各占16.8%。

(二)鱼类区系及其生态类型

1.鱼类区系

鱼类区系是研究鱼类物种起源、迁移和鱼类形态学与环境适应特征的基础。根据祖先发源于同一地理区域和物种随着时间的推移而不断演化的原则,安庆沿江湖泊湿地鱼类区系大致由5个复合体组成。

(1)中国江河平原区系复合体

中国江河平原区系复合体是在第三纪上新世喜马拉雅山升高及中国平原河流的季风气候条件下形成的,即在具有大型泛滥平原湖泊,沉水植物稀少,浮游植物丰富的河川水域下形成。这一复合体的种类在安庆沿江湖泊湿地区域记录到的最多,主要代表种为:青鱼(*Mylopharyngodon piceus*)、草鱼(*Ctenopharyngodon idellus*)、鲢(*Hypophthalmichthys molitrix*)、鳙(*Aristichys nobilis*)、鳤(*Ochetobius elongates*)、鳡(*Elopichthys bambusa*)、银鲴(*Xenocypris argentea*)、翘嘴鲌(*Culter alburnus*)、红鳍原鲌(*Cultrichthys erythropterus*)、花䱻(*Hemibarbus maculatus*)、飘鱼(*Pseudolaubuca sinensis*)等。该复合体大部分种类不在植物体上产卵,而产浮性卵或半浮性卵,且性成熟较晚,怀卵量较大,产卵期多在晚春和夏季。

(2)南方热带区系复合体

南方热带区系复合体又称为印度平原区系复合体。该区系复合体是在第三纪始从印度平原迁移来中国的。我国原产于南岭以南各水系中,后向长江流域伸展。在安庆沿江湖泊湿地记录到的主要代表种为:沙塘鳢(*Odontobutis obscura*)、黄蚴(*Hypseleotris swinhonis*)、圆尾斗鱼(*Macropodus chinensis*)、子陵栉鰕虎鱼(*Ctnogobius giurinus*)、乌鳢(*Channa argus*)、刺鳅(*Mastacembelus aculeatus*)、胡子鲇(*Clarias fuscus*)等。南方热带区系复合体内鱼类大多不善于游泳,因水中氧气不足,故许多种类形成了辅助呼吸器官。为适应凶猛鱼类的侵袭,大多数种类生有鳍棘。为保护后代不被肉食性鱼类吞食,不少种类还具有各种相应的产卵特性。

(3)古代第三纪区系复合体

古代第三纪区系复合体物种数不多,都是一些常见种。安庆沿江湖泊湿地记录到的主要代表种为:鲤鱼(*Cyprinus carpio*)、鲫鱼(*Carassius auratus*)、泥鳅(*Misgurnus anguillicaudatus*)、鲇(*Silurus asotus*)、大口鲇(*Silurus meridionalis*)、鳜(*Siniperca chuatsi*)等。

(4)中印山区区系复合体

中印山区区系复合体的鱼类起源于中印边界喜马拉雅山南麓的热带山区河流中,适应于水流湍急、石砾底质、含氧量高、水清澈的环境,主要分布于海拔较低的山区,有些种类进入长江中下游某些山区河流中定居生活。该区系复合体在安庆沿江湖泊湿地的典型代表为马口鱼(*Opsariichthys bidens*)等。

(5)海水区系复合体

海水区系复合体主要为溯河洄游性鱼类和降海洄游性鱼类,也有少量海水鱼类。安庆沿江湖泊湿地记录到的该复合体鱼类主要代表种为间下鱵(*Hyporhamphus intermedius*)等。

从上述内容可见,安庆沿江湖泊湿地鱼类区系以中国江河平原区系复合体为主体,其次为南方热带区系复合体和古代第三纪区系复合体,少数种类属中印山区区系复合体和海水区系复合体。

2. 鱼类生态类型

根据鱼类的生活习性,安庆沿江湖泊湿地鱼类可划分为 3 个类型。

(1)洄游型鱼类

根据鱼类产卵、摄食、越冬场所的不同,洄游型鱼类可分为溯河洄游性鱼类、降海洄游性鱼类、江湖洄游性鱼类 3 种类型。溯河洄游性鱼类记录到间下鱵(*Hyporhamphus intermedius*)1 种。降海洄游性鱼类仅记录到日本鳗鲡(*Anguilla japonica*)1 种。江湖洄游性鱼类指在江河或湖泊的流水中繁殖,主要在湖泊中进行育肥的一些种类。安庆沿江湖泊湿地记录到的江湖洄游性鱼类包括青鱼、草鱼、鲢、鳙、鳡、鳤、赤眼鳟(*Squaliobarbus curriculus*)、似鳊(逆鱼)(*Pseudobrama simoni*)、鳊(长春鳊)(*Parabramis pekinensis*)等产漂流性卵的种类,在流水中产微黏性卵的翘嘴鲌、蒙古鲌(*Cul-*

ter mongolicus)、鲂(三角鲂)(*Megalobrama skolkovii*)等种类,产具油球的沉性卵和在流水中漂流发育卵的鳜、大眼鳜(*Siniperca kneri*)、长身鳜(*Coreosiniperca roulei*)等种类;在江河中产黏性卵的大口鲇等种类;在有流水的沙底掘窝产卵的瓦氏黄颡鱼(江黄颡鱼)(*Pelteobagrus vachelli*)等种类。其中"四大家鱼"是著名的重要经济鱼类。

(2)江河型鱼类

江河型鱼类主要指在江河中进行繁殖和摄食的种类。安庆沿江湖泊湿地记录到该类型鱼类主要有铜鱼(*Coreius heterodon*)等,历史记录则包括青波鱼(*Sinibarbus sinensis*)、白甲鱼(*Onychostoma sima*)、白鲟(*Psephurus gladius*)、长江鲟(*Acipenser dabryanus*)、岩原鲤(*Procypris rabaudi*)、中华鲟(*Acipenser sinensis*)。

(3)湖泊型鱼类

湖泊型鱼类主要指在湖泊中进行繁殖和摄食的种类。安庆沿江湖泊湿地记录到该类型鱼类主要有鲤鱼、鲫鱼、红鳍原鲌、达氏鲌(青梢鲌)(*Culter dabryi*)、鲇(鲶)、黄颡鱼(*Pelteobagrus fulvldraco*)、沙塘鳢、乌鳢、高体鳑鲏(*Rhodeus ocellatus*)等种类。

安庆沿江湖泊湿地以洄游型鱼类和湖泊型鱼类为主体,其次是江河型鱼类。

(三)鱼类资源现状分析

1. 种类变化

与历史调查相比较,安庆沿江湖泊湿地鱼类物种组成有所变化。一方面,17种先前有记录的鱼类在2001年的调查中没有发现,这些鱼类是中华鲟、白鲟、鲥、长颌鲚(*Coilia ectenes*)、大银鱼(*Protosalanx hyalocranius*)、胭脂鱼(*Myxocyprinus asiaticus*)、中华细鲫(*Aphyocypris chinensis*)、鯮(*Luciobrama macrocephalus*)、寡鳞鱊(*Acheilognathus hypselonotus*)、圆吻鲴(*Distoechodon tumirostris*)、长鳍吻鮈(*Rhinogobio ventralis*)、短须颌须鮈(*Gnathopogon imberbis*)、青波鱼(*Sinibarbus sinensis*)、光泽黄颡鱼(*Pelteobaggrus nitidus*)、斑鳜(*Siniperca scherzeri*)、窄体舌鳎(*Cynoglessus graclfls*)、暗纹东方鲀(*Takilfugu obscurus*);另一方面,此次调查发现了18种安庆沿江地区的鱼类新记录,分别为寡齿新银鱼(*Neosalanx oligoaontis*)、宽鳍鱲(*Zacco platypus*)、方氏鳑鲏(*Rhodeus fangi*)、短须鱊(*Acheilognathus barbatulus*)、越南鱊(*Acheilognathus tonkinensis*)、彩副鱊(*Paracheilognathus imberbis*)、江西鳈(*Sarcocheilichthys kiangsiensis*)、亮银鮈(*Squaliaus nitens*)、吻鮈(*Rhinogobio typus*)、中华花鳅(*Cobitis sinensis*)、武昌副沙鳅(*Parabotia banarescu*)、胡子鲇(*Clarias fuscus*)等。与鱼类志的记载相比较,历史有记载而本次调查没有发现的鱼类有50%以上是洄游鱼类,而历史上没有记录而本次调查有记录的鱼类则大多是湖泊定居型鱼类。总体上来看,安庆沿江湖泊湿地就鱼类物种数而言,洄游鱼类趋于减少,而湖泊定居鱼类则趋于增多。

安庆沿江湖泊湿地各湖区2001年调查与历史上调查的鱼类物种数比较表明,各湖鱼类物种数明显多于20世纪70年代末到80年代初(表6-1)。导致这一调查结果的主要原因是2001年调查侧重于鱼类种类的调查,而以往的调查则侧重于鱼类资源量的调查。

表 6—1 安庆沿江湿地各主要湖泊历史上与 2001 年调查的鱼类物种数比较

湖 名	鱼类物种数/种	
	1970s—1980s 鱼类调查	2001 年鱼类调查
龙感湖	56	81
黄大湖	58	80
泊 湖	46	75
菜子湖	26	67

长江及其湖泊生态系统洄游性鱼类的最大特点是具有丰富的江湖洄游性。调查也表明,安庆沿江湖泊湿地区域仍具有较为丰富的江湖洄游性鱼类。除鲢、鳙、青鱼、草鱼由于人工繁殖苗投放具有较高数量外,与湖泊定居性鱼类比,调查中江湖洄游性鱼类数量只占总捕获量的一小部分,如日本鳗鲡、鳍、鳡等 5 种现已属稀有物种。

2001 年调查中没有在安庆沿江湖泊湿地所属湖泊发现中华鲟、鲥、长颌鲚与暗纹东方鲀、鯮等珍贵洄游性鱼类。然而,在泊湖、黄大湖、龙感湖、白荡湖、武昌湖可见日本鳗鲡、鳍、鳡等珍贵洄游性鱼类。对湖区有经验的渔民走访的结果表明:中华鲟、鲥、长颌鲚与暗纹东方鲀、鯮这些鱼类已在所属湖泊多年未见。可见,目前在安庆沿江湖泊湿地各湖溯河洄游性鱼类已经逐渐萎缩,甚至消失。

在沿江湖泊的闸下进行了渔捕,并在安庆市枞阳长江段检查了渔民的渔获物。结果表明闸下仍有较为丰富的江湖洄游性鱼类,以"四大家鱼"为主,占渔获物数量的 30%左右,但没有发现溯河和降海洄游鱼类。沿江湖泊目前仍有较多江湖洄游鱼类,大概可归结于几方面的因素:首先,沿江各湖,特别是泊湖、黄大湖、龙感湖有多条溪流入注,这些溪流适于大部分江湖洄游鱼类产卵;其次,各湖虽然与长江阻隔,但仍能通过江水倒灌的机会使长江中鱼类进入湖泊;另外一个原因是部分湖泊仍有捕江苗投放的习惯,而这些江苗大多数是江湖洄游鱼类;最后是长江发生特大洪水时,长江中的鱼类能随洪水进入。

在一般情况下,只有湖泊中的鱼类能进入长江,而长江中的鱼类很少有机会进入湖泊中。然而,当遇到干旱或其他一些情况时,水利部门会进行一定时间的倒灌,此时长江中鱼类才有机会进入湖泊。如华阳闸在 2000 年 8 月 5 日至 2000 年 8 月 22 日间进行引江水倒灌抗旱。但是引江水倒灌常在 7、8 月份间进行,而溯河洄游性鱼类长颌鲚与暗纹东方鲀常在 6 月份进入安庆沿江保护区所属湖泊产卵,所以长江溯河洄游性鱼类没法进入湖泊,但江湖洄游鱼类的鱼苗是可以进入的。这也说明了 2001 年调查未能发现溯河洄游性鱼类,而江湖洄游性鱼类则仍较为丰富的原因。

2. 重要物种

安庆沿江湖泊湿地有长江水系特有鱼种 11 种,即短颌鲚(*Coilia brachygnathus*)、长江银鱼(*Hemisalanx brachyros*)、湖北圆吻鲴(*Distoechodon hupeinensis*)、拟尖头鲌(*Culter oxycephaloides*)、似刺鳊鮈(*Paracanthobrama guichenot*)、亮银鮈(*Squalidus nitens)、光唇蛇鮈(*Saurogobio gymnocheilus*)、武昌副沙鳅(*Parabotia banarescus*)、细体拟鲿(*Pseudobagrus pratti*)、黑尾鉠(*Liobagrus nigricauda*)。

3. 鱼类生物多样性特征

安庆沿江湖泊湿地鱼类资源是长江流域鱼类生物多样性的重要组成部分。就鱼类物种数量而言,安庆沿江湖泊湿地鱼类物种数占长江流域淡水鱼类总数的 22.3%,占长江中下游鱼类总数的 36.8%,占长江中下游湖泊鱼类总数的 50.9%。

调查结果表明,安庆沿江湖泊湿地仍具有较为丰富的鱼类物种数,其中以龙感湖与黄大湖最多。以龙感湖、黄大湖作为安庆沿江湖泊湿地的代表与长江中下游典型湖泊进行鱼类物种数的比较,结果表明,与 20 世纪 70 年代在通江湖泊洞庭湖与鄱阳湖的鱼类资源调查相比较,洞庭湖与鄱阳湖的鱼类物种数要比龙感湖与黄大湖的鱼类物种数多 20 种左右(表 6—2)。而与江湖阻隔湖泊太湖、巢湖、洪湖、梁子湖相比较,龙感湖与黄大湖的鱼类物种数均高于这些湖泊的鱼类物种数。龙感湖与黄大湖鱼类物种数之所以高的主要原因可能有两个:首先,这两个湖泊的水质要好于其他湖泊;其次是龙感湖、黄大湖与泊湖相通,增加了鱼类的交流机会,从而减少了鱼类灭绝的风险。

表 6—2　长江中下游典型湖泊鱼类物种数的比较

湖泊类型	湖　名	调查时间	物种数/种
通江湖泊	洞庭湖	1973—1974 年	100
	鄱阳湖	1973—1975 年	101
江湖阻隔湖泊	龙感湖	2001 年	81
	黄大湖	2001 年	80
	太　湖	1981 年	72
	巢　湖	1980 年	76
	洪　湖	1993 年	57
	梁子湖	1974 年	61

安庆沿江湖泊湿地各主要湖泊鱼类物种数具两大特点:首先是鱼类物种数与湖泊面积之间基本符合物种—面积关系,即湖泊面积越大,鱼类物种数越多;其次,渔业模式影响鱼类物种数,以养为主的湖泊鱼类物种数基本上低于半养半天然的湖泊。

安庆沿江湖泊湿地是长江中下游流域鱼类生物多样性较为丰富的地区之一,同时也是长江及其湖泊生态系统不可或缺的重要组成部分。尽管安庆沿江湖泊湿地各湖已多年未见中华鲟、鲥、长颌鲚、暗纹东方鲀等珍贵溯河洄游性鱼类,但该地区仍具有较为丰富的江湖洄游鱼类及 10 多种长江水系特有种。及时采取措施保护和合理利用安庆沿江湖泊湿地鱼类资源是目前迫切需要解决的问题之一。

(四)菜子湖鱼类

2007—2008 年记录到菜子湖鱼类计 8 目、18 科、69 种(附录 6)。从物种组成上看,菜子湖鱼类主要为江河平原复合体,鲤科鱼类占物种总数的 50%以上。鲤科鱼类比例为 62.7%，为绝对优势科。优势度仅次于鲤科鱼类的是鳅科（物种比例变动于 5.48%～5.97%）。再次为鲿科、银鱼科、塘鳢科、虾虎鱼科、鮨科、鲌科、鳀科，一般每科有 2～3 种分布于菜子湖。其他各科鱼类不多于 1 种（表 6—3）。鱼类资源表现如下特征。

1. 种类组成相对稳定

对比菜子湖历史记录，本次调查结果显示，该湖区鱼类区系组成相对稳定。鲤科始终为绝对优势类群。表 6—3 所示的不同渔业阶段各科所含物种数排序基本一致。这种相对稳定的鱼类分类区系组成说明湖区环境相对稳定，尚没有发生根本性的生境更替。

表 6—3　菜子湖各科鱼类物种数历史变动

科　名	历史记录		2001 年记录		2008 年记录	
	物种数/种	百分比/%	物种数/种	百分比/%	物种数/种	百分比/%
鲤科	43	58.9	31	59.6	42	62.7
鳅科	4	5.48	3	5.77	4	5.97
鲿科	3	4.11	3	5.77	3	4.48
银鱼科	2	2.74	2	3.85	2	2.99
塘鳢科	2	2.74	2	3.85	2	2.99
鰕虎鱼科	2	2.74	1	1.92	2	2.99
鲇科	1	1.37	1	1.92	2	2.99
鮨科	1	1.37	1	1.92	2	2.99
鳀科	2	2.74	1	1.92	1	1.49
胡子鲇科	1	1.37	1	1.92	1	1.49
青鳉科	1	1.37	1	1.92	1	1.49
鱵科	1	1.37	1	1.92	1	1.49
颌鳃科	1	1.37	1	1.92	1	1.49
斗鱼科	1	1.37	1	1.92	1	1.49
鳢科	1	1.37	1	1.92	1	1.49
刺鳅科	1	1.37	1	1.92	1	1.49
鳗鲡科	1	1.37			1	1.49
钝头鮠科	1	1.37			1	1.49
鲟科	1	1.37				
腓科	1	1.37				
胭脂鱼科	1	1.37				
鲀科	1	1.37				

以成体体重 1 000 g 和 300 g 将菜子湖鱼类分为大型、中型和小型 3 个生态类群进行统计分析，结果表明菜子湖鱼类大小结构相对稳定。现代养殖模式成形前后，湖区大型鱼类物种比例占 25.4%～28.8%不等，而小型鱼类的物种百分比例变动于56.2%～61.5%之间，亦未表现出明显的变化（图 6—1）。鱼类规格组成的稳定为菜子湖鱼类区系稳定性的又一表现。

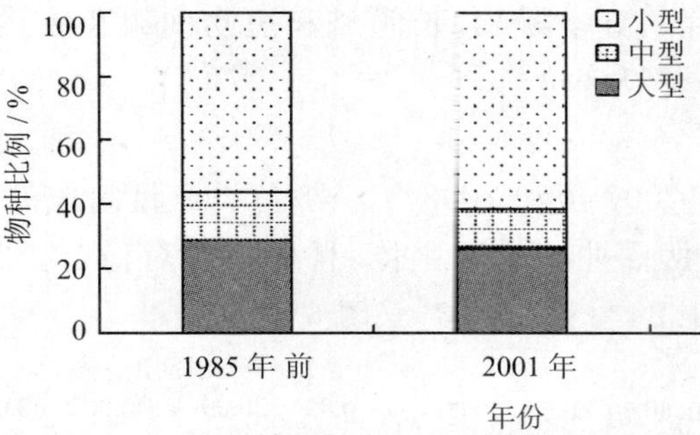

图 6－1　菜子湖大、中、小型鱼类物种百分比组成的历史变动

2. 养殖鱼类比例增大

菜子湖养殖鱼类从无到有，并渐趋多元化。继鲢、鳙鱼之后，青、草、长春鳊、鳜鱼以及黄颡鱼等品种陆续投放湖区，近年养殖品种比例在 11.9%～13.5%之间（图 6－2）。养殖鱼类种数在 2000 年后增长缓慢。

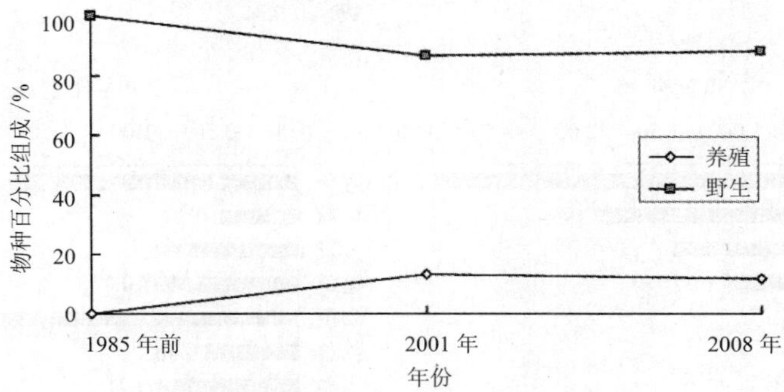

图 6－2　湖区养殖鱼类和野生鱼类比例变动

嬉子湖区在经历了十余年的绒螯蟹养殖之后，目前转变到以鱼类放养为主的人放天养的渔业阶段，而东湖区则正重演着嬉子湖走过的绒螯蟹为主的鱼蟹混养之路。当前湖区渔业养殖结构呈现多元化和复杂化的局面，尚未形成统一的渔业模式。

3. 洄游性鱼类几乎绝迹

菜子湖记录到的（半）洄游性鱼类共有 13 种，占记录鱼类总数的 15.5%，其中溯河洄游鱼类 3 种、降海产卵鱼类 1 种、江河半洄游性鱼类 9 种。2001 年仅记录到日本鳗鲡 1 种洄游性鱼类（2.2%）。截至 2008 年 12 月底，本次调查仅采集到溯河洄游性鱼类 1 种（长颌鲚幼体）、江湖洄游性鱼类 1 种（短吻间银鱼），分别占鱼类总数的 1.69%。

洄游性鱼类中的中华鲟、鲥、暗纹东方鲀已经完全绝灭于本湖区，日本鳗鲡虽偶有捕获，但数量稀少，处于经济绝灭水平，当为濒危种。长颌鲚的商业生产一直维持到 20 世纪 90 年代初，但目前已经完全失去了经济捕捞价值。

半洄游性鱼类中，胭脂鱼、鳡和鯮自 2C01 年后未见于湖区，青、草、鲢、鳙、长春鳊、鳜和鳡等野生种群难以补充入湖，湖区群体完全靠人繁放流补充。具有溯水产卵习性的短吻间银鱼偶见于湖区，但数量稀少，应为易危种。

总之，在不计人工放流鱼种的情况下，菜子湖的洄游性、半洄游性鱼类减少了

77.1%，到 2008 年，包括残存的日本鳗鲡、长颌鲚和短吻间银鱼在内的(半)洄游性鱼类野生群体无一例外地失去了经济价值。

4. 经济鱼类组成变化

对珠潭围等 6 个渔场的 2007 年和 2008 年经济鱼类产量组成的分析结果表明，菜子湖渔业养殖已经上升为湖区商业产量的主体，且保持相对稳定。2007 年和 2008 年养殖产量分别占总渔产的 91.84%和 91.86%(图 6—3)。

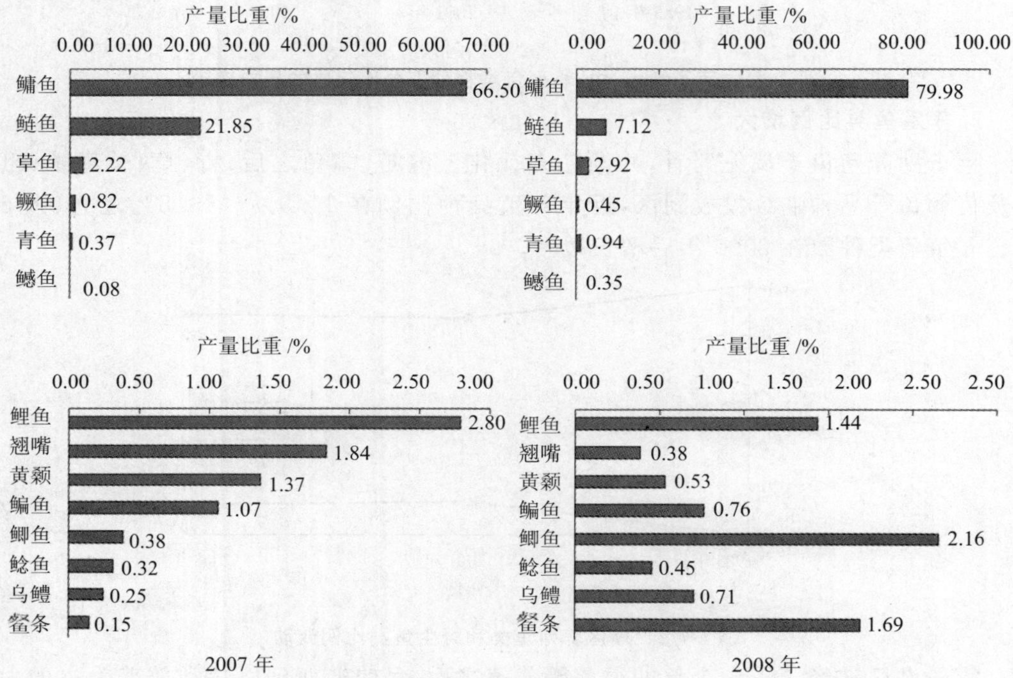

图 6—3　菜子湖养殖产量/捕捞产量年际变动(2007—2008 年)

鳙、鲢、草、鳜、青和鳡 6 个养殖品种产量排序结果表明，鳙和鲢为湖区绝对优势类群，其年产量约占渔产总量的近九成，凶猛性肉食鱼类鳜、青、鳡的产量控制在 1%～2%，近 60 种野生鱼类的产量不足总产的一成(图 6—4)。

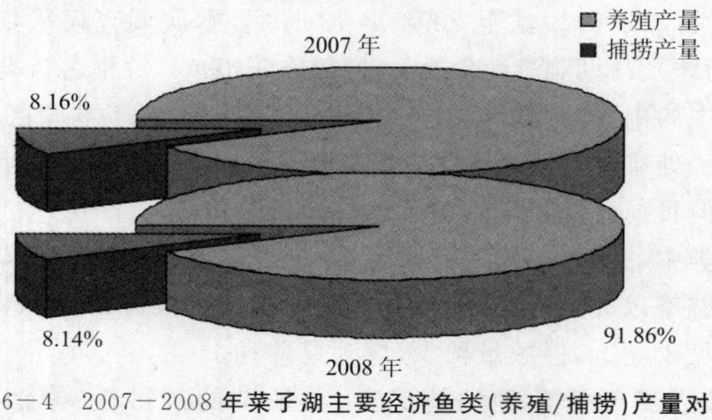

图 6—4　2007—2008 年菜子湖主要经济鱼类(养殖/捕捞)产量对比

从单品种产量排序看，养殖鱼类中鳙为绝对优势种（占鱼类总产的 66.50%～79.98%），其次为鲢（占 7.12%～21.85%）、草（占 2.22%～2.92%）、鳜（0.46%～0.82%）和青鱼（0.37%～0.94%）等。而野生鱼类中，产量最高的鲤、鲫鱼的比重仅为 2.80%～3.60%，除此以外，翘嘴红鲌、黄颡鱼和长春鳊的比重达到 1%，其他鱼类产量甚微（图 6－3）。

（五）鱼类资源受胁因素

目前来看，鱼类资源衰退受胁迫的因素主要有以下几方面。

1. 江湖阻隔

长江河流生态系统与湖泊生态系统的生态功能各异但又相互联系。长江流域丰富的江湖洄游性鱼类生物多样性之所以能形成与维持，完全依靠长江与湖泊构成的江湖复合生态系统。自 20 世纪 50 年代开始，长江中下游大兴水利工程，除洞庭湖、鄱阳湖等少数湖泊未建闸外，其余湖泊均建闸，形成了江湖阻隔，从而使长江中下游特有的江湖复合生态系统不复存在，形成了由长江干支流组成的河流生态系统和一个个岛屿状孤立的湖泊生态系统。安庆沿江湖泊湿地各湖亦不例外。目前，江湖阻隔已经导致安庆沿江湖泊湿地各湖溯河洄游性鱼类的消失，江湖洄游性鱼类的生物多样性也明显下降。另外，江湖阻隔也导致了鱼类捕捞产量明显下降。江湖阻隔后，安庆沿江各湖鱼类年均捕捞产量下降明显，如黄大湖建闸前鱼类年均捕捞产量为3.9×10^6 kg，建闸后六七十年代鱼类年均捕捞产量为 2.2×10^6 kg，而目前仅为 1.0×10^6 kg，这还包括了 50%以上的养殖鱼类产量（表 6－4）。

表 6－4　安庆沿江湖泊湿地各主要湖泊建闸前后渔获物量的变化

湖泊名称	建闸前		建闸后	
	代表年	年产量/kg	代表年	年产量/kg
黄大湖	1951－1955 年	3.9×10^6	1956－1960 年	2.2×10^6
			1997－2000 年	1.0×10^6
泊　湖	1955 年	3.5×10^6	1958－1964 年	0.5×10^6
菜子湖	1955－1958 年	3.0×10^6	1960－1970 年	1.5×10^6

注：部分数据来源于《安徽省安庆地区渔业区划和发展总体规划》。

2. 湖泊围垦

20 世纪 50 年代以前，长江中下游湖泊是典型的洪泛型湖泊，其显著特点是除敞水区的常年储水外，湖区具广阔的季节性淹没区，即消落区。安庆沿江湖泊湿地各湖同样具有类似的特点。自 1956 年春华阳闸、杨湾闸、杨林闸建成以后，安庆地区掀起了有史以来最大的围垦高潮，先后围垦建成了华阳河农场、九城畈农场等。与围垦前相比，安庆地区万亩以上湖泊数减少了 3 个，湖泊面积减少了 36.8%（表 6－5），安庆沿江湖泊湿地各湖亦受到了大规模的围垦影响。湖泊被围垦的水面往往是湖泊的消落区。而消落区是陆地与湖泊间的杂交区，该处营养物质富集，生境异质性较高，具有丰富的动植物多样性。洪水季节，消落区不仅为鱼类提供丰富的饵料，同时也是鱼类繁殖与栖息的重要场所。而湖泊围垦导致的大量消落区的消失，影响到湖泊鱼类群落结构的多样性，最终使得湖泊鱼类生物多样性下降。

表 6－5　667 hm^2 以上湖泊水域面积变迁

湖泊规模	围垦前湖泊		现有湖泊	
	数目/个	总面积/（$\times 10^4$ hm^2）	数目/个	总面积/（$\times 10^4$ hm^2）
667～6 667 hm^2	9	5.1	6	2.0
6 667～33 333 hm^2	5	15.4	5	11.6

注：数据来源于《安徽省安庆地区渔业区划和发展总体规划》。

3. 过度捕捞

过度捕捞是导致江湖阻隔及湖泊围垦后安庆沿江湖泊湿地各湖鱼类生物多样性下降最严重的因素之一。具体表现在各湖鱼类天然捕捞产量逐年下降，鱼类趋于小型化。事实上，这也是长江中下游湖群存在的普遍现象。

4. 湖泊环境沼泽化

水利工程在造成安庆沿江湖泊湿地各湖江湖阻隔的同时，也深刻地改变了湖泊的水文环境。由于人工调控的作用，安庆沿江湖泊湿地有些湖泊的水位变得相对稳定，这就极大地促进了水生植物，主要是沉水植物的发展，使得湖泊环境沼泽化。湖泊环境沼泽化直接或间接引起了鱼类群落结构的相应变化。首先是适应水草茂密的沼泽环境的种类（如红鳍原鲌、黄颡鱼、沙塘鳢、乌鳢和刺鳅），以及小型沿岸带生活的鱼类（如鳘条、麦穗鱼）得到发展；其次是一些尽管能在湖泊静水环境完成生活史，但需要一定的敞水带面积才能维持相应的种群数量的种类（如翘嘴鲌、蒙古鲌）逐步消失。

5. 渔业模式

渔业模式也显著影响鱼类的生物多样性。武昌湖采用以养为主的渔业模式，渔获物中养殖鱼类产量相对比例基本恒定在 84%左右，而天然鱼类只占 15%左右。黄大湖则采用半养半天然的渔业模式，渔获物中养殖鱼类产量相对比例为 46%左右，而天然鱼类产量相对比例在 50%以上。黄大湖天然鱼类无论是物种数还是鱼类数量均高于武昌湖。另外，目前在长江中下游湖泊兴起的养殖中华绒螯蟹热已严重影响了当地鱼类多样性。

6. 酷渔滥捕

受渔政管理力量不足及地区经济较为落后的制约，安庆湖群利用毁灭性捕捞工具如迷魂阵、电捕鱼捕捞的现象存在，这些捕捞工具往往造成酷渔滥捕。另外，湖泊经营者为了追求经济利益而盲目地、掠夺性地利用资源造成酷渔滥捕。如围湖经营者为了提高中华绒螯蟹养殖的产量，把相似生态位的鱼类当做“杂鱼”加以清除，即所谓的“清野”，造成当地鱼类多样性减少。

（六）鱼类资源的保护措施

1. 投放苗种与灌江纳苗

20 世纪 50 年代后期，长江中下游湖泊与长江隔绝后，各地通过捕捞长江天然鱼苗投放湖中以达到天然渔业增殖。20 世纪 70 年代，“四大家鱼”人工繁殖取得成功后，江湖阻隔湖泊普遍只投放“四大家鱼”人工繁殖鱼苗，投放天然苗的历史基本宣告结束。事实上，天然鱼苗中含有大量的鱼类物种，有利于提高物种多样性。目前，白荡湖地区依旧有捕捞江苗投放湖中养殖的习惯，无形中也增加了该湖的鱼类生物多样性。这种捕捞江苗进行投放养殖的方式应当得到鼓励和保持。灌江纳苗也是长江中下游多数湖泊江湖阻隔后提出的补救措施之一。长江中下游大量湖泊的灌江纳苗试验表明，这种措施对于提高长江中下游鱼类生物多样性是切实可行的。但是由于这种措施牵涉水利、农业、城镇和水产等多家部门而往往难以实施。调查结果表明，管理部门在政策上和指导思想上一直是重水利、保工农业、轻水产，灌江纳苗工作常常中途夭折。考虑到恢复长江鱼类生物多样性和江湖复合生态系统中的生态平衡，选择合适的地点与时间，同时协调好各部门进行灌江纳苗，是保护和合理利用安庆沿江湖泊湿地鱼类资源的重要途径之一。

2. 繁殖保护

对于能在安庆沿江湖泊湿地完成生活周期的鱼类，保护的重要措施之一是在繁殖季节禁止捕捞亲鱼，设立禁渔区，规定禁渔期。针对每个湖泊的特殊情况，依据保护生物学理论规划出常年保护区及季节性保护区。同时结合宣传教育工作，使当地居民理解保护是为了更好和长久地利用鱼类资源。

3. 渔政管理

渔政管理是一项系统工程，安庆市渔政管理人员为持续利用湖泊鱼类资源已经做了大量工作，取得了很大的成绩。事实上，鱼类资源要想真正实现可持续发展还有待进一部加强渔政管理的投入与建设。因此，探索出一条有安庆特色的渔政管理措施是保护和合理利用安庆沿江湖泊湿地鱼类资源的最终保证。

二、两栖、爬行类

（一）种类组成

根据《安徽省两栖爬行动物志》资料和近几年的调查，安庆沿江湖泊湿地有两栖类12种，隶属2目、8科，约占安徽省两栖类种数的31.6%；爬行类20种，约占安徽省爬行类种数的30%（附录7）。其中，国家Ⅱ级保护动物有大鲵（*Andrias davidianus*）和虎纹蛙（*Rana tigrina*）2种，省Ⅱ级保护动物有中华大蟾蜍（*Bufo bufogargarizans*）、黑斑蛙（*Rana nigromaculata*）、金线蛙（*Rana plancyi*）、黄喉拟水龟（*Mauremys mutica*）、乌龟（*Chinemys reevesii*）、王锦蛇（*Elaphe carinata*）、黑眉锦蛇（*Elaphe taeniura*）、乌梢蛇（*Zaocys dhumnades*）和眼镜蛇（*Naja naja*）9种。分布于本区的32种两栖、爬行类动物中有广布种14种、东洋种18种，无古北种，东洋界动物成分占优势，从两栖、爬行动物区系成分上看，本区在动物区系划分上应属东洋界。

（二）生态分布

大鲵偶见于长江和皖河，可能由洪水从山区迁入，不属于正常分布。

东方蝾螈、沼蛙和日本林蛙仅见于低山丘陵区，前两种栖于池塘和水田，后者栖于树林下和林缘的水田、沟渠边。

中华蟾蜍、泽蛙和黑斑蛙分布广泛，在低山丘陵、圩区和湖边浅滩均可见到。

金线蛙、虎纹蛙、无斑雨蛙、中国雨蛙和饰纹姬蛙分布于低山丘陵和圩区。金线蛙栖于田间池塘；虎纹蛙则喜在水田埂、塘埂和沟埂的土洞中藏身，夜间外出活动；雨蛙常在田旁灌丛和农作物的植株上栖息活动；饰纹姬蛙栖于农田，隐藏于土块间隙。

黄喉泥水龟分布于低山丘陵区，生活于山间盆地或河流谷地的水域中，也常到附近的灌木丛中活动；乌龟分布广于黄喉泥水龟，在低山丘陵、圩区种湖区均可见到，栖于河沟、池塘、水库和湖泊中，喜水栖性生活。

多疣壁虎分布于低山丘陵和圩区的居民点，白天藏于墙缝、屋檐、天棚和树洞中，夜间外出活动；石龙子分布于低山丘陵和圩区，常在路边、沟边的草丛或乱石堆中活动；蝘蜓和北草蜥分布于低山丘陵区，常在荒地、溪边和路边草丛中活动。

赤链蛇和黑眉锦蛇均分布于低山丘陵和圩区，喜在居民点附近菜园地、旱地和废墟中活动，但赤链蛇不入室活动，黑眉锦蛇则常入屋内的墙洞、天棚上和地板上活动，有家蛇之称。

双斑锦蛇、王锦蛇、草腹链蛇、虎斑颈槽蛇、乌梢蛇均分布于低山丘陵和圩区，常在山坡灌丛、耕地、稻田和路旁溪沟边活动。王锦蛇和乌梢蛇还善于爬树，盗食鸟卵。

红点锦蛇、赤链华游蛇和渔游蛇均为半水栖性蛇类，分布于圩区，常在水田、池塘、湖泊沼泽和沟渠的浅水区活动，捕食鱼类和蛙类。

滑鼠蛇较为罕见，见于低山丘陵和圩区。

眼镜蛇分布于低山丘陵和圩区，喜在灌丛、溪沟和水塘附近的草丛中活动，昼行性，晴天尤为多见；短尾蝮分布广于眼镜蛇，在丘陵、圩区的旱地、水田和山坡均可见到，白天常盘卧于农田晒太阳，因其保护色极不易被发现。

三、鸟类

(一)种类组成

据2001年、2004年冬季、2007年12月—2008年9月、2009年11月—2010年5月调查结果，安庆沿江湖泊湿地计有鸟类166种(附录8)，其中，共有水鸟类86种，占鸟类总种数的52.1%。

从种类组成来看，共记录到非雀形目鸟110种、雀形目鸟类56种，分别占鸟类物种总数的66.5%和33.5%。166种鸟类隶属于15目、42科。按照物种数多少依次排列各目如下：雀形目(20科、56种)、鸻形目(4科、26种)、雁形目(1科、24种)、鹳形目(3科、15种)、鹤形目(2科、11种)、隼形目(2科、9种)、鸥形目(2科、6种)、鹃形目(1科、4种)、鸽形目(1科、3种)、佛法僧目(1科、3种)、鸊鷉目(1科、3种)、鸡形目(1科、2种)、䴕形目(1科、2种)、鸮形目(1科、1种)、戴胜目(1科、1种)。

上述166种鸟类中，20种属国家重点保护鸟类。其中属国家Ⅰ级保护物种3种，分别是黑鹳(*Ciconia nigra*)、白鹤(*Grus leucogeranus*)和白头鹤(*Grus monacha*)；国家

Ⅱ级保护物种17种，分别是白枕鹤(*Grus vipio*)、灰鹤(*Grus grus*)、白琵鹭(*Platalea leucorodia*)、鸳鸯(*Aix galericulata*)、小天鹅(*Cygnus columbianus*)、白额雁(*Anseralbifrons*)、角䴙䴘(*Podiceps auritus*)、苍鹰(*Accipiter gentilis*)、赤腹鹰(*Accipiter soloensis*)、雀鹰(*Accipiter nisus*)、黑鸢(*Milvus migrans*)、普通鵟(*Buteo buteo*)、乌雕(*Aquila clanga*)、白尾鹞(*Cirus cyaneus*)、红隼(*Falco tinnunculus*)、游隼(*Falco peregrinus*)和小鸦鹃(*Centropus toulou*)。

安庆沿江湖泊湿地水鸟资源丰富，有大量的雁鸭类、鹬类、鸥类、鹭类等鸟类在此区域栖息，多种候鸟超过《湿地公约》1%标准。世界范围内共有鹤类15种，我国有9种，其中安庆沿江湖泊湿地就有4种。近年来在安庆沿江湖泊湿地还发现了东方白鹳(*Ciconia boyciana*)的繁殖种群。

(二)区系组成

从鸟类区系组成来看，在安庆沿江湖泊湿地的166种鸟类中广布种有34种，占总种数的20.5%，代表性物种为小䴙䴘(*Tachybaptus ruficollis*)、苍鹭(*Ardea cinerea*)、大白鹭(*Egretta alba*)、斑嘴鸭(*Anas poecilorhyncha*)、黑鸢、须浮鸥(*Chlidonias hybridus*)、山斑鸠(*Streptopelia orientalis*)、大山雀(*Parus majo*)、麻雀(*Passer montanus*)等。古北界鸟类97种，占总种数的58.4%，典型物种为东方白鹳、黑鹳、小天鹅、白枕鹤、黑水鸡(*Gallinula chloropus*)、云雀(*Alauda arvensis*)、红尾伯劳(*Lanius cristatus*)、灰喜鹊(*Cyanopica cyana*)、黄眉鹀(*Emberiza chyrsophrys*)。东洋种鸟类34种，占总种数的20.5%，代表性物种为小白鹭(*Egretta garzetta*)、珠颈斑鸠(*Streptopelia chinensis*)、蓝翡翠(*Halcyon pileata*)、黑卷尾(*Dicrurus macrocercu*)等。在2008年调查中发现原本分布于华南以南的黑领椋鸟在安庆沿江也有分布。繁殖鸟类共有82种，其中古北界鸟类22种、东洋界鸟类34种、广布鸟类26种，分别占繁殖鸟类总数的26.8%、41.5%和31.5%。从安庆沿江湖泊湿地繁殖鸟类的区系组成分析来看，以东洋界鸟偏多，其次是广布鸟类，古北界鸟类所占比例相对较小。因此具有东洋界向古北界过渡的特征。

(三)季节类型

根据鸟类的季节留居类型及迁徙活动的情况，可以将安庆沿江湖泊湿地鸟类分为留鸟、冬候鸟、夏候鸟、旅鸟4种季节性生态类型。其中留鸟40种，占鸟类总种数的24%，代表性物种为小䴙䴘、苍鹭、环颈雉(*Phasanus colchicus*)、山斑鸠等。冬候鸟69种，占鸟类总种数的41.3%，以水鸟为主，代表性物种为东方白鹳、黑鹳、白琵鹭、小天鹅、白鹤、白头鹤、白枕鹤、灰鹤、红脚鹬(*Tringa totanus*)、黑尾鸥(*Larus crassirostris*)等。夏候鸟44种，占鸟类总种数的26.3%，代表性物种为夜鹭(*Nyticorax nyticorax*)、黄斑苇鳽(*Ixobrychus sinensis*)、白胸苦恶鸟(*Amaurornis phoenicurus*)、四声杜鹃(*Cuculus micropterus*)等。旅鸟23种，占鸟类总种数的13.8%。安庆沿江湖泊湿地鸟类以冬候鸟居多，夏候鸟和留鸟次之，旅鸟最少。在冬季，鸟类的数量和密度都远大于夏季。在冬季鸟类群落组成中，数量较多的类群为雁鸭类和鸥类。夏季数量较多的类群是鸥类、鹭类和鸊鷉类。

鉴于安庆沿江湖泊在水鸟越冬中的重要地位，在 WWF 和国家林业局的统一部署下，由安徽大学牵头，于 2004 年 2 月份对安庆沿江湖泊湿地越冬水鸟进行了细致的调查。此次调查发现，在武昌湖、菜子湖、枫沙湖、白荡湖、泊湖中越冬水鸟个体数量均超过 10 000 只(表 6—6)。由于在调查中对菜子湖、泊湖、枫沙湖等湖泊调查的覆盖面积只有 25%～50%，因此上述湖区越冬水鸟数量可能在 30 000～40 000 只。

表 6—6　2004 年安庆沿江湖泊湿地各湖泊的越冬水鸟数量分布

湖　泊	调查的覆盖面积百分比/%	水鸟种数/种	个体数量/只	种群数量超过 20 000 只	IUCN			符合国际重要湿地 1%种群标准的物种数/种
					CR	EN	VU	
菜子湖	50	40	19 001		1	2	1	5
龙感湖	10	26	8 766		0	1	1	1
黄　湖	60	16	4 838			1	0	0
大官湖	25	27	6 974		0	1	0	2
泊　湖	25	23	13 755		0	0	0	3
武昌湖	75	29	50 251	+	0	2	0	5
白荡湖	90	20	17 007		0	1	0	3
枫沙湖	50	9	13 688		0	1	0	2

注：IUCN 为世界自然保护联盟，CR 为极危，EN 为濒危，VU 为易危。

(四)生态分布

安庆沿江湖泊湿地的自然景观大致可分为湖泊、农田、林地和居民点 4 种生态类型，每一种生态类型具有不同的鸟类群落组成。

1. 湖泊鸟类

湖泊湿地有茂盛的沉水植物和挺水植物，水生生物资源丰富，鸟类在此可获得丰富的食物和良好的隐蔽场所，是适宜的栖息地。夏季湖区水面有白骨顶、黑水鸡、水雉、小鸊鷉、凤头鸊鷉和秧鸡等鸟类活动。在挺水植物区有苇莺类和鹭类栖息繁殖。另外，湖区还有一些鸥类，如须浮鸥、白翅浮鸥和白额燕鸥等鸟类活动。冬季多为越冬水鸟在此活动。滩涂区有鹤类、鸻鹬类、鹭类等鸟类活动。水面有雁鸭类、秧鸡类、鸊鷉类、琵鹭、鹳类等鸟类活动。物种数目繁多，数量丰富。

2. 农田鸟类

本区的农田主要是稻田和旱地。在春天育秧、插秧季节，稻田中可见到多数的鸻鹬类和鹭类活动。夏季水稻生长时期有较多的鹭类、鸼类和秧鸡类活动。秋季水稻成熟时，有大量麻雀、鹀类来此觅食。冬季在蓄水、休耕的稻田中可见到苍鹭、大白鹭和雁鸭类等水鸟；而在种植小麦和油菜的农田中，则可见到凤头麦鸡、小云雀、水鹨鸟类活动。目前该区域还有很多旱地，种植以棉花等为主的经济作物。因作物管理，人为活动频繁，农药用量大，鸟类活动相对较少，常见鸟类主要有棕背伯劳、灰椋鸟、黑卷尾等。

3. 林地鸟类

林地生境主要分布于湖泊周围的低山丘陵地带，多为人工种植的马尾松林和杉木林，并在低山谷地分散有少量的针阔混交林。该区域主要是森林鸟类活动，如黑枕黄鹂、灰喜鹊、黑卷尾、大山雀、画眉等雀形目鸟类，另有赤腹鹰、杜鹃、啄木鸟、鸠鸽类、鹭类等非雀形目鸟类活动。夏季大量白鹭、池鹭、牛背鹭和夜鹭等种类在树林中筑巢繁殖，数量巨大。

4. 居民点鸟类

本区域的居民区大多建在地势较高的岗地上，村周边多以阔叶林和竹林为主，树林与房屋之间有许多菜地，附近池塘较多，塘边遍生茭草和灌丛，生境类型复杂多样。由于该生境下人为干扰频繁，鸟类大多是与人类活动关系密切的种类，种类和数量均较丰富。常见的鸟类有家燕、金腰燕、白头鹎、鹊鸲、黑尾腊嘴雀和麻雀等，在村边树林中还能见到黑卷尾、红尾伯劳、灰喜鹊、珠颈斑鸠、大斑啄木鸟和戴胜等，在池塘的茭草丛间可见到白胸苦恶鸟，水面则常见小鸊鷉活动。

(五)代表性物种描述

1. 角鸊鷉

国家Ⅱ级重点保护野生动物。体略大于小鸊鷉，全长约 33 cm，略具冠羽。冬天除头顶、项背和体背部为黑褐色外，余部均为白色。眼红色，嘴黑色，嘴端偏白。在该区域为冬候鸟，结小群栖于湖泊水面，以水生无脊椎动物与水生植物嫩叶、芽为食。数量稀少，见于泊湖、龙湖和菜子湖。

2. 东方白鹳

IUCN 濒危物种。大型涉禽，体长约 105 cm，体白色，两翼和嘴为黑色，腿红色，眼周裸露部位粉红色。冬候鸟，栖于湖泊、鱼塘的浅水处，也到有水的稻田中活动，捕食鱼类和蛙类。见于泊湖、武昌湖、菜子湖，最大记录为 200 只。

1995 年进行全省湿地调查时，在望江县漳湖垦区发现一对白鹳在葛洲坝至上海的 50 万伏的高压电线上筑巢繁殖。2001 年 5 月份调查见到在 4 座铁塔上筑有 6 个巢。其中，有 3 个巢为弃巢，另 3 个巢中每巢有 4 只幼鸟。幼鸟羽毛已长成，立于巢上，身体大小也与成鸟相仿。当时繁殖群体数量已达 18 只。据当地农民介绍，此鸟从 1994 年就在此繁殖，2000 年有幼鸟从铁塔落下。小鸟长大后就与成鸟一起飞离巢区，外出游荡，到次年 2 月成鸟又飞回，2 月下旬开始营巢繁殖。截止到 2009 年，该处每年都有 1～4 个繁殖成功巢。

3. 黑鹳

国家Ⅰ级重点保护野生动物。大型涉禽，体长约 100 cm。体大部为带金属光泽的黑色，下胸、腹部及尾下为白色，嘴与腿红色。冬候鸟，喜栖于近山的沼泽湿地和有水稻田，单个或集小群活动，捕食鱼类和蛙类。少量分布于泊湖和菜子湖。

4. 白琵鹭

国家Ⅱ级重点保护野生动物。大型涉禽，体长约 84 cm，体白色，嘴长而扁平呈琵琶形，头部裸出部位呈黄色。冬候鸟，喜栖于湖泊、水塘的浅水处。捕食时在水中缓慢前进，嘴往两旁扫动寻找食物，成群活动。休息时排成密集队形站立于浅水处，很少见其上岸休息。见于龙感湖、菜子湖、泊湖。

5. 白额雁

国家Ⅱ级重点保护野生动物。大型游禽，体长约 70～85 cm。体灰褐色；腹部具大块黑斑，俗称花肚皮；嘴粉红，基部黄色，有白色斑块。冬候鸟（当年 10 月至次年 3 月），栖于湖边草滩，集群活动，喜食莎草科、禾本科植物和水蓼的嫩芽。见于菜子湖。

6. 鸿雁

IUCN 濒危物种。大型游禽，体长约 88 cm。体灰褐色，颈长，头顶及颈背红褐色，胸腹部淡棕褐；嘴较长，为黑色，基部有狭窄白线环绕。冬候鸟（当年 10 月至次年 3 月），集群活动，栖于湖边沼泽滩地，觅食于泥中的水生植物根茎。主要越冬地在菜子湖，少量分布于黄湖。

7. 小天鹅

国家Ⅱ级重点保护野生动物。大型游禽，体长约 142 cm。体白色；嘴黑色，基部黄色，黄色前沿不超过鼻孔；脚黑色。冬候鸟（当年 10 月底至次年 3 月），成群活动，喜栖于湖泊的浅水处，觅食水草的根茎。主要分布于泊湖、武昌湖、菜子湖和白荡湖。

8. 花脸鸭

IUCN 易危物种。小型鸭类，体长约 42 cm。雄性羽色亮丽，头顶色深，脸部亮绿并具大的黄色月牙形斑块；雌性羽色麻褐，嘴基两侧各有一黄圆斑。嘴青灰色，脚青灰色。冬候鸟（当年 10 月至次年 3 月），白天与其他鸭类混群游于湖面，晚间飞至湖滩沼泽、水田和水塘中觅食，成小群活动。各湖泊均有分布，但数量稀少不易见到。

9. 青头潜鸭

IUCN 易危物种。中型鸭类，体长约 45 cm。体色深，近黑色，腹部及两肋白色，尾下复羽白色。雄鸟头部黑色带有绿辉；雌鸟头部褐色，近嘴基处有淡褐色斑块。冬候鸟（当年 11 月至次年 3 月），栖于湖湾和水塘，常与其他鸭类混群游于水面。成对或成小群活动，喜潜入水中觅食水底植物根茎和水生昆虫幼虫。各湖泊均有分布，但数量稀少不易见到。

10. 棉凫

IUCN 濒危物种，我国稀有鸟类。小型鸭类，体长约 30 cm。体色以深绿和白色为主，雄鸟飞行时白色翼斑明显；雌鸟皮黄色，无白色翼斑。嘴瓦灰色，脚灰色。夏候鸟，栖于湖泊周边，水生植物丰富的池塘、河道和稻田。常停在大树上，筑巢于树洞中。2001 年 5 月在宿松县佐坝乡龙湖圩见到 1 对。

11. 黑鸢

国家Ⅱ级重点保护野生动物。中型猛禽，体长约 55 cm。体深褐色，前额和脸颊棕色，嘴灰色，蜡膜蓼色，脚黄色。飞翔时尾呈浅叉形，易于识别。夏季生活于山区，冬季才入湖区活动，喜在湖区上空翱翔，有时栖于围网的粗竹竿柱上，以鱼为食。各湖泊均有分布，但数量稀少不易见到。2001 年 2 月 20 日在武昌湖大湖见到 2 只。

12. 雀鹰

国家Ⅱ级重点保护野生动物。小型猛禽，体长 35～40 cm。体灰褐色，下体密布棕褐色横斑，尾具横带，喉部多褐色细纹，无喉中线。冬候鸟（当年 9 月至次年 4 月），栖于林区，冬季也入湖滩活动，捕食小型鸟类和鼠类。全区的湖泊及周边林区均有分布，但数量稀少难以见到。2001 年 2 月 10 日在宿松县龙湖圩见到 1 只。

13. 赤腹鹰

国家Ⅱ级重点保护野生动物。小型猛禽，体长约 30 cm。体呈瓦灰色，下体污白沾棕，腋部淡棕黄色，雌鸟胸下体为栗棕色。夏候鸟（5—8 月），栖于林区，主食大型昆虫，如蝗虫、蜻蜓和蝉，也食小型鸟类，如蛙类和蜥蜴。巢营于大树冠部的主树杈上。各湖泊周边林区均有分布。

14. 白尾鹞

国家Ⅱ级重点保护野生动物。中型猛禽，体长约 50 cm。雄鸟体灰色；雌鸟体褐色。腰及尾上复羽白色，翼尖黑色。冬候鸟（当年 10 月至次年 4 月）。生活于湖边草滩和芦苇地，喜贴近草丛或芦苇顶部飞翔，遇到猎物常在空中停留观看，然后往下猛扑捕之。各湖泊均有分布，较为常见。2001 年在宿松县龙湖圩见到 2 只，大官湖西北滩和黄湖南滩各见到 1 只。

15. 白腹鹞

国家Ⅱ级重点保护野生动物。中型猛禽，体长约 50 cm。体褐色，腰和尾上复羽与背部同色，易与白尾鹞区别。冬候鸟（当年 10 月至次年 5 月），习性与白尾鹞相似。全区湖泊均有分布，较为常见。2001 年在枞阳县雨坛乡菜子湖东北滩和宿松县黄湖北滩各见到 1 只。

16. 红隼

国家Ⅱ级重点保护野生动物。小型猛禽，体长约 32～36 cm。体红褐色，雄鸟的头和颈部暗灰色，上体具三角形黑褐色横斑，尾灰色无横斑，下体乳黄或棕黄，具黑褐色纵纹；雌鸟上体均为棕红色，尾为淡棕红色，体上斑纹与雄鸟相似。冬候鸟（当年 11 月至次年 4 月），栖息于湖草滩和开阔农田，常停在电线或树上，静观四方，发现猎物迅速飞去捕获之，很少见其捕捉空中飞鸟，有时缓慢盘旋或停在空中，窥视地面猎物，然后猛扑之。以小型鼠类、蜥蜴和大型昆虫为食。各湖泊均有分布，较为常见。

17. 游隼

国家Ⅱ级重点保护野生动物。中型猛禽，体长约 45 cm。体黑褐色，上体具黑色点斑及横纹，下体白，胸具黑色纵纹，腹部、腿及尾下多具黑色横纹。冬候鸟（当年 11 月至次年 5 月），栖于湖草滩和开阔田野，喜停在电线杆或土墩上，飞行速度极快，常在空中追逐鸭类。各湖泊均有分布，但数量稀少，不易见到。

18. 普通鵟

国家Ⅱ级重点保护野生动物。中型猛禽，体长 50～56 cm。体暗褐色，下体暗褐或淡色，具有大的暗色斑纹；跗蹠不披羽。飞翔时在翼腹面见有淡色粗纹，翼角处则有大的暗褐色斑块；尾圆形，横斑不显。冬候鸟（当年 10 月至次年 4 月），生活于湖滩和丘陵，喜在空中翱翔盘旋，主食鼠类，有时也捕食蛙类、蛇、蜥蜴、小鸟和大型昆虫。全区湖泊均有分布，但数量稀少，不易见到，2001 年的调查过程中在宿松县龙湖圩、黄湖南滩和望江县泊湖驼婆嘴各见到 1 只。

19. 乌雕

国家Ⅱ级重点保护野生动物。大型猛禽，体长约 65 cm。体深褐色，尾短，尾上复羽、色淡，蜡膜和脚黄色。冬候鸟（当年 12 月至次年 2 月），生活于近湖泊的开阔沼泽地带，以鱼类、蛙类、蛇类和鸟类为食。各湖泊均有分布，但数量稀少，不易见到。2001 年在黄湖西南滩见到 1 只。

20. 白头鹤

国家Ⅰ级重点保护野生动物，IUCN 易危物种。大型涉禽，体长约 97 cm，属小型鹤类。体灰黑色，头颈白色，嘴黄绿色，脚铅黑。冬候鸟（当年 11 月至次年 3 月），栖于湖泊的沼泽滩地，成群飞行迁徙，在觅食地常以家族形式（2～4 只）活动，喜食苦草等水生植物根、茎。菜子湖是其主要越冬地之一。

2008 年 11 月—2009 年 4 月，安徽大学水鸟与湿地生态研究组采用路线调查法，对越冬白头鹤的种群数量进行了徒步调查，2008 年 11 月 5 日和 2009 年 3 月 23 日进行了全湖同步调查。整个越冬期，共记录越冬生境 6 处（表 6－7），两次同步调查分别记录到越冬白头鹤 328 只和 365 只。最大种群出现在 2009 年 3 月 29 日，在梅山村团结大圩收割后的水稻田里，见到 404 只觅食的白头鹤。调查期间，还遇到灰鹤 4 只、白鹤 2 只。在菜子湖越冬的白头鹤主要分布在白兔湖和菜子湖中，而嬉子湖在调查期间没有发现有白头鹤分布。

表 6－7　菜子湖白头鹤的分布和数量

白头鹤分布地名	观察到最大数量/只	生境
松山	238	湖泊泥滩、少量草滩
珠檀	136	湖泊草滩、池塘泥滩
梅山	404	稻田
双兴	19	湖泊泥滩、少量草滩
先让	89	草滩、泥滩
车富	11	泥滩

21. 白枕鹤

国家Ⅱ级重点保护野生动物，IUCN 全球性易危物种。大型涉禽，体长约 130 cm。属大型鹤类。体蓝灰色，脸面红色，喉及颈背部白色，嘴黄色，脚绯红色。冬候鸟（当年 12 月至次年 3 月），栖于湖草滩或开阔小麦种植区。成群迁徙飞行，在觅食地常以家庭形式活动，但不远离群体。以麦苗、禾本科植物茎叶和残留于农田的作物为食。菜子湖有分布。

22. 白鹤

国家Ⅰ级重点保护野生动物，IUCN 极危物种。大型涉禽，体长约 135 cm，属大型鹤类。体白色,初级飞羽黑色,飞行时极易辨别;嘴橘黄色,嘴基至头脸前半裸露部为猩红色,脚粉红。冬候鸟(当年 11 月至次年 3 月),栖于湖泊的泥泞滩地。成群迁徙飞行,但在觅食地常以家庭形式活动,以苦草等水生植物之根茎为食。安庆沿江湿地是白鹤迁徙的重要停歇地,近几年陆续发现迁徙受伤的白鹤。

23. 斑尾塍鹬

2001 年 10 月 21 日见于菜子湖滩地,数量为 1 只。繁殖于北欧及亚洲,冬季南迁远至澳大利亚及新西兰,本亚种为我国过境鸟,迁徙时见于新疆西北部天山、东北及华北各省,小群在南部沿海及台湾、海南岛越冬。其为安徽省鸟类分布新记录。

24. 灰头麦鸡

中小型涉禽,体长约 35 cm。体灰褐色,头至胸部灰色,上体褐色,翼尖、胸带及尾部横斑黑色,下体白色,嘴黄色而端部黑色,脚黄色。夏候鸟(3 月—10 月),栖于湖草滩和开阔农田区,成对活动,喜在地面奔走活动觅食,受惊时常发出急促的鸣声,并围绕惊异物上空边飞边鸣,进行驱赶。各湖泊草滩均有分布,较为常见,但数量不多。

25. 长嘴剑鸻

小型涉禽,体长约 22 cm。体黄褐色,下体白色,额白,前顶具黑色横向联合纹,眼纹灰褐色,胸带较细为黑色,嘴较长呈黑色,脚暗黄色。夏候鸟(4 月—10 月),栖于河流的入湖口、多砾石的滩地,喜在沙砾间奔走觅食,健康状况时身体喜前后摆动。全区湖泊均有分布,但数量少,常单个进行活动。

26. 黑领椋鸟

体大(28 cm)的黑白色椋鸟。头白,颈环及上胸黑色,背及两翼黑色,翼缘白色,尾黑而尾端白,眼周裸露皮肤及腿黄色。雌鸟似雄鸟但多褐色。幼鸟少黑色颈环,虹膜黄色,嘴黑色,脚浅灰色。叫声为沙哑的刺耳音及哨音。常见于农田,一般结小群取食于稻田、牧场及开阔地。安徽省内 2006 年才发现有分布。2010 年 5 月调查发现菜子湖和武昌湖有分布。

27. 斑背大尾莺

IUCN 易危物种。体型很小,体长约 12 cm。上体棕褐色且密布黑色纵纹;下体污白,胸无纵纹,尾较长呈楔形,上嘴黑,下嘴粉红,脚为粉红色。栖岸边草滩,成群活动于莎草丛中,不停地鸣叫,并不断飞出草丛作短距离的弧状炫耀飞行,边飞边鸣。2001 年 5 月 17 日在黄湖西北滩原水产养殖场附近的草丛中见 120 只。遇见时此鸟不停地鸣叫,并不断飞出草丛作短距离的弧状炫耀飞行,边飞边鸣,性极隐蔽,很难发现,偶尔停于莎草顶部鸣叫。冬季调查未发现此鸟,根据发现的时间和当时的鸣叫行为推测,斑背大尾莺在本地可能是繁殖鸟。其为安徽省鸟类分布新记录。

28. 红颈苇鹀

IUCN 近危物种。体型较小,体长约 15 cm。体棕褐色,雄鸟头黑,腰及颈背棕色,易于和苇鹀区别。栖于湖滩苇丛,喜在地上觅食活动,受惊时才飞至芦苇秆上,以杂草、种子为食。2001 年 5 月 17 日在黄湖西北滩地水塘边的苇丛中见到 12 只红颈苇鹀，雄性个体都已换成繁殖羽，很易辨别。该鸟在我国东北的沼泽地带繁殖，越冬于江苏与福建沿海，在安徽省的季节性还有待观察。其为安徽省鸟类分布新记录。

（六）雁鸭类资源现状和受胁因素

近10年来，安徽省雁鸭类资源下降很多，在湖区已见不到数万只野鸭群集的壮观场面，安庆沿江自然保护区也不例外，据安徽省湿地资源调查、安徽省野生动物资源调查和安庆沿江自然保护区水鸟调查所得的资料推测，下降原因有以下几点：第一，我国北方的雁鸭类繁殖地区，近十几年来旱涝灾害不断，草原沙化严重，湖泊沼泽地的面积缩小，破坏了雁鸭类的繁殖条件，种群数量增长缓慢，这样冬季飞至南方的越冬个体自然减少。第二，我省雁鸭类越冬地栖息环境恶化，如鱼类的过度捕捞，不合理养殖导致水草资源的破坏等，使雁鸭类的食物资源下降。严重的水土流失又加速了湖泊的老化演替，大量围湖造田大大减少了雁鸭类的越冬栖息地。无食可觅，无处可居，造成越冬水禽的转移。第三，长期的大量捕捉、毒杀造成资源下降。虽然保护区加强了执法巡护工作，但由于猎捕者行动隐蔽，加之保护区基础设施和巡护手段落后，致使管理难度较大。据对安徽省4个主要雁鸭收购点的调查，安徽省每年活捕数量在4万～5万只，被农民毒死的数量就无法统计了。湖区农民反映，每年11月份野鸭大量飞来，农民就在湖滩放置毒饵，早晨收取时少则几只，多则几十只甚至上百只。

（七）湿地鸟类受胁因素

1. 人为活动和干扰

由于安庆沿江湖泊湿地地处长江中下游区域，区内人口密集，周边人为活动频繁，对越冬水鸟产生了不利的影响。尤其是不合理的渔业生产经营方式，使渔业资源受到破坏，不仅干扰鸟类栖息，而且影响鸟类的食物来源。不同的渔业经营方式，可影响湖泊的水位、水质、植被和水生生物的变化，因此也间接影响了越冬水鸟的栖息和生存。

2. 植物的影响

安庆沿江湖泊湿地是水鸟的重要越冬地，湿地植物作为鸟类栖息生境的重要组成部分，对水鸟的越冬具有很大的影响。苦草的果实在秋季沉入水底，为鹤类、雁类等候鸟提供了理想的食物。在菜子湖的东北面，冬季滩地面积大，沉入滩地的苦草果实较为丰富，从而成为鹤类及雁类的重要觅食地。植物还会给鸟类提供隐蔽场所。在植被丰富的地区植食性的鸟类如鸿雁、小天鹅比其他地区数量要多。

3. 水位变化

近些年来，安庆沿江湖泊湿地雁鸭类资源下降很多，在湖区已见不到数万只野鸭群集的壮观场面，水位是决定水鸟分布的重要因素之一。冬季水位达到1 m以上的湖区，只有游禽如雁鸭类在该区域分布，浅水区域则分布有涉禽。但是水位并不是决定鸟类分布的唯一因素。在嬉子湖和白兔湖同样的水位，存在不同的水鸟种类和数量，这是由于嬉子湖经过几年河蟹养殖，底栖生物资源几乎被破坏殆尽。

4. 管理手段落后

安庆沿江湖泊湿地属省级保护区，由于地方财政困难，保护管理投入严重不足，保护区缺少一些必须的管理设备和基础设施，影响鸟类及湿地资源的有效管理。

（八）保护建议

为促进鸟类资源的保护与管理，除了加强巡护执法、宣传教育等工作外，建议采取以下几项措施。

1. 加强湿地管理

安庆沿江湿地是水鸟的重要越冬和迁徙停歇地，为加强保护管理，建议将重要湖泊（如菜子湖）尽快申报建立国家级自然保护区，同时考虑到保护区湿地的国际意义，应争取申报国际重要湿地。根据国际重要湿地的鸟类标准，可先申报菜子湖为国际重要湿地。根据实际退田还湖，增加水域面积，恢复被围垦的湖汊、滩地和浅水区。发展湿地生态旅游，如湖泊风光、观鸟、渔场垂钓、农业观光品尝。让广大湖区人民了解湿地资源保护的重要性，利用湖泊改善人民生活水平的同时，促使人民自觉参与到湿地保护的行动中去。

2. 降低人为干扰

湿地鸟类易受到人为因素的干扰，会造成种类数量分布不均匀，群落稳定性变弱。安徽沿江湿地也不例外，人为干扰是湿地鸟类所面临的最大威胁，高强度的开发养殖、高密度的围网养殖均不同程度地对湿地的自然环境造成破坏，使得湿地自然资源锐减的同时，也破坏了湿地的原始面貌。调查发现，人为干扰相对较小、工业化程度低、污染少、基本上保持着较为原始自然性的菜子湖，其鸟类丰富度就比人为干扰大、大面积湖滩裸露、大面积围网养殖鳝鱼的武昌湖要高得多。因此，制定科学、合理的湿地管理章程，从而降低自然湿地中人为干扰因素，对湿地鸟类乃至整个生态系统的保护具有重要的作用。

3. 开展湿地恢复

自然湿地景观在维持湿地生态系统生物多样性方面具有重要作用，尤其对越冬水鸟而言，湿地的景观特征直接影响鸟类的分布和资源的利用。加强水鸟资源的保护，必须建立在保护其赖以生存的栖息地基础上。针对水鸟对栖息地的利用逐步由自然湿地向人工湿地或半人工湿地转变的局面，必须加强湿地的检测和管理，逐步恢复湿地原始面貌才能减缓水鸟越冬的环境压力。但湿地恢复是一个长期而又缓慢的过程，这就要求在实施湿地恢复过程中需注意以下几点：禁止进一步破坏湿地景观的一切行为；在湿地进行相关的科学研究，开展长期的环境监测，为破碎化湿地的治理和恢复提供科学的理论依据；建立科学规范的养殖示范基地，探寻在湿地环境中科学合理的养殖模式，改变原始的养殖方式，逐步实现经济效益与生态效益和谐发展。

4. 加强宣传教育及法制建设

充分发挥群众与政府的作用。湿地环境及野生动植物的管理保护，是一项艰巨的工作，关键是要不断提高当地群众的保护意识。因此，在湿地周边可采用张贴海报、发放宣传资料、宣传湿地保护法规、开设科普讲座、展播科普影片等多种途径宣传保护湿地环境、保护野生动植物的重大意义，从而提高湿地周边民众的保护意识。此外，还应加强湿地保护的法制建设，建立和健全各项规章条例。要充分发挥当地政府部门的职能，对于一些如偷猎、投毒捕杀野生动物、乱挖乱垦等破坏湿地面貌的不法分子，做到有法可依、从严执法，并追究责任人，给予坚决的处理和处罚。

5. 合理开发

利用湖泊的渔业优势。退田还湖，扩大湖泊水面，减小小单位面积上的养殖压力；科学养殖，采取多品种合理搭配，充分利用水体空间，合理利用水生动植物资源，建立生态渔业模式；合理投放饲料，防止水域污染，加强乡镇企业污染防治工作，加强沿湖农村和小城镇环境规划；开发水产品深加工，延长渔业生产的产业链，提高湖区居民收入水平。

四、兽类

(一)资源现状

通过查询《安庆市志》、《桐城县志》、《枞阳县志》、《望江县志》、《太湖县志》、《宿松县志》、《怀宁县志》，及以往相关公开发表的文献、书籍上的记载，并在不同的生态环境采用铗夜法对小型兽类进行实地调查。目前，安庆沿江湖泊湿地共记录兽类 28 种，隶属 8 目、15 科(附录 9)，占安徽省兽类种数的 42.86%。其中，鼬科和鼠科的物种数均占总数的 10%以上，是物种较丰富的类群。在 28 种兽类中，国家Ⅰ级重点保护野生动物有白鳍豚(*Lipotes vexillifer*)，国家Ⅱ级重点保护野生动物有穿山甲(*Manis pentadactyla*)、江豚(*Neophocaena phoaenoides*)、獐(*Hydropotes inermis*)和野猪(*Sus scrofa*)等共 10 种。

(二)区系组成

安庆沿江湖泊湿地地处纬度靠南，动物地理区系属东洋界北缘。在 28 种兽类中，有东洋种 14 种、古北种 14 种，各占 50%，区系具有过渡特征。

(三)生态分布

哺乳动物是高等脊椎动物，对环境适应能力较强，分布范围较广，在安庆沿江湖泊湿地、湿地草滩、林灌木丛、农田和居民区均有分布。按照生态类型来分，大致可分为湖泊湿地兽类、森林兽类、农田兽类和居民点兽类 4 种类型。

1. 湖泊湿地兽类

江湖交汇处，水面宽阔，水流平缓，鱼类资源丰富，是淡水豚类的活动觅食地。20 世纪 80 年代江豚类资源调查发现，长江安徽段的白鳍豚和江豚主要集中于安庆沿江，保护好这里的生态环境对豚类保护具有重要意义。河流的入湖处往往是水獭的活动地。水獭常栖于岸边的树洞、石洞中，并潜入水中捕食鱼类和蛙类。湖周草滩是草兔(*Lepus tolai*)、东方田鼠(*Microtus fortis*)和黑线姬鼠(*Apodemus agrarius*)等动物的栖息地，数量丰富，常吸引黄鼬和食蟹獴(*Herpestes urva*)等动物来捕食。江边滩涂是獐的栖息地，在沿江湿地未围垦的周边地区，沼泽苇荡面积很大，獐的数量很多。围垦造田后，獐失去藏身之所，加之人们大量捕杀，现在已成罕见动物。

2. 农田兽类

兔形目和啮齿类动物是农田生境中的主要兽类。在稻田中栖息的主要有东方田鼠、黑线姬鼠、褐家鼠(*Rattus norvegicus*)和小家鼠(*Mus musculus*)等鼠类,在旱耕地中,除上述鼠类外,还有黑线仓鼠(*Cricetulus barabensis*)、大仓鼠(*Cricetulus triton*)和草兔等栖息。黄鼬和鼬獾等则常来此捕食鼠类和蛙类。狗獾常到傍山的林缘农田偷食庄稼,捕食鱼类、蛙类和昆虫。

3. 森林兽类

安庆沿江地区的森林主要分布于低山丘陵地带,这里地形较为复杂,多岩石、洞穴和灌丛,隐藏条件较好,人类干扰也较少,所以貉、小灵猫和豹猫均栖息于此。白天在洞穴内睡眠,晚上到周围农田、池塘边和居民点觅食。在林间池塘、河沟边有灰麝鼩(*Crocidura attenuata*)活动。灰麝鼩善于游泳和潜水,捕食小鱼虾、蝌蚪和水生昆虫。草兔、巢鼠、黑线仓鼠、大仓鼠等小型兽类也是该林区常见的种类。

4. 居民点兽类

栖息于居民点的兽类主要是翼手类和啮齿类。翼手类白天栖于屋檐下和墙洞内,晚上飞出活动、觅食。栖于居民点的兽类有黄胸鼠(*Rattus tanezumi*)、褐家鼠和小家鼠3种。黄胸鼠常栖于建筑物的上层,喜在房梁、天棚和橱、柜的顶部活动,农作物收获季节也有少量黄胸鼠迁到居民点附近的菜地和农田中活动,但远离居民点的地区尚未发现有黄胸鼠栖居。褐家鼠喜在建筑物的下层和阴暗潮湿的地方栖息,是下水道、墙根土洞、垃圾堆和厕所的常客,另外,也喜栖于野外的稻田埂、水沟旁菜地等处。小家鼠也是家、野两栖鼠类,室内主要栖于厨房、地板下和箱柜等处,在野外多聚集于庄稼地、打谷场和谷物堆下。

另外,在居民点附近的菜园和农田也可见到刺猬(*Erinaceus amurensis*)。在秋冬季野外食物缺乏时,黄鼬和豹猫经常进入居民点活动,白天藏身于废墟墙洞、疏松的秸秆堆和长期闲置的仓库中,夜间出来捕食鼠类和家禽。

(四)重要物种描述

1. 白鳍豚

国家Ⅰ级重点保护野生动物。体形呈纺锤形,身长2～2.5 m,体重可达200 kg以上。嘴部又长又细,背呈浅灰色或蓝色,腹面为纯白色,背鳍形如一个小三角,胸鳍宛如两只手掌,尾鳍扁平,中间分叉,善于游水。主要生活在长江中下游及与其连通的洞庭湖、鄱阳湖、钱塘江等水域中,通常成对或10余头在一起,喜在深水急流处活动。20世纪80年代末估计的数量有300头左右,现有数量减少。目前已经宣布其为"功能性灭绝",只在人工环境下饲养。

2. 江豚

国家Ⅱ级重点保护野生动物。身体略呈纺锤形,全身几呈暗黑色,但腹面颜色稍淡略呈灰黑色,头圆钝,额部前凸,吻短阔,鳍肢似镰刀状,无背鳍,尾鳍呈水平状,分左右两叶。通常栖于咸淡水交界的海域,也能在大小河川的下游地带等淡水中生活,在我国见于渤海、黄海、东海、南海和长江等水域。江豚喜单独活动，有时也结成 2～3 只的小群，但也有几十只集群的记录。江豚食性较广，以鱼类为主，也取食虾类和头足类动物。目前，江豚资源量已不足 2 000 头，且仍在持续下降。

3. 水獭

国家Ⅱ级重点保护野生动物。半水栖的哺乳动物，适应于水生环境，身体较细长呈圆筒形，体毛淡褐色，毛短而密呈丝绒状，头部宽扁，趾间具蹼。栖息于水草少、鱼类多的河流、湖泊、水库和溪流等处。以鱼类为主食，有时也吃蟹、虾、水生昆虫、蛙类和水禽。目前安徽省内数量稀少。

4. 獐

国家Ⅱ级重点保护野生动物。小型鹿类，通体棕黄色，后腹部污白色，雌雄头部均无角，雄性上犬齿发达外露呈獠牙状，尾短而不显。獐喜栖于江边的芦苇丛中，分布于丘陵山区的则喜在灌丛草坡或矮树林中栖息。

5. 野猪

体形与家猪相似，但较瘦，头胸部发达。头部比家猪细长，吻甚突出，耳直立，较家猪耳小。喜栖息于山区的各种混交林、灌丛密生的山坡及山谷溪河边密生箬竹、杂草的地方。喜食植物的地下根茎，如葛根、蕨根、山芋和冬笋，亦食嫩枝、嫩叶、种子、果实、昆虫和动物的尸体。

6. 花面狸

体色为黄灰褐色，头部色较黑，由额头至鼻梁有一条明显的四带，眼下及耳下具白斑，背部体毛灰棕色。为林缘兽类，主要栖息在森林、灌木丛、岩洞、树洞或土穴中，偶可在开垦地发现。夜行性，在黄昏、夜间和日出前活动。杂食性，吃鼠类、昆虫、蛙、鸟、蜗牛、野果、谷物，也吃树枝叶。

7. 猪獾

身体肥壮，四肢短健，前爪强大锐利。鼻吻部狭长而圆，形似猪鼻。背毛棕黑色，颈背有一条短宽的白色纵纹，两颊在眼下各有一条污白色条纹。善于挖洞穴居。既爱吃昆虫、蛇类、蜥蜴、田鼠等动物性食物，也喜欢吃玉米、小麦和花生等农作物。

8. 狗獾

头部有白色纵毛 3 条，面颊两侧各 1 条，中央 1 条由鼻尖到头顶。下颌、喉部和腹部以及四肢都呈棕黑色。背毛硬而密，基部为白色，近末端的一段为黑褐色，毛尖白色，体侧白色毛较多。多栖息在丛山密林、溪流湖泊、山坡丘陵的灌木丛中。喜群居，善挖洞。食性杂，喜食植物的根茎以及昆虫、蚯蚓、青蛙、鼠类和其他小型哺乳类、爬行类等。

9. 黄鼬

小型食肉兽类，体小于家猫，身体细长，四肢短，尾蓬松，尾长超过体长之半，通体棕黄色。喜在沟沿、溪边、滩头、田埂、土坡、屋角、灌丛和长有茂盛作物的农田等处活动。以鼠类、蛙类和昆虫为主，有时也捕食小鸟、小鱼和蛇类。冬季缺乏食物时，也吃家鸡，或吃山芋等植食性食物。

第三篇

保护与管理

第七章 湿地生物多样性信息管理

一、生物多样性信息管理的发展

生物多样性保护和持续利用的决策与实践离不开科学、准确的数据资源与信息。有关生物的利用、基础分类、分布、现状和发展趋势以及生态学关系等方面的资料都是保护湿地生物多样性所需要的多方位信息。如生物资源利用缺乏科学的指导，将导致生物资源的浪费和破坏，使生物多样性丧失的速度加快，不利于社会经济的可持续发展和人与自然的和谐，因此迫切需要加强对湿地生物多样性信息的监测和管理。应当认识到，对生物多样性信息开展综合的、定量的研究并在这些研究的基础上建立生物多样性信息系统具有十分重要的意义。

（一）生物多样性数据管理技术发展过程

1. 人工管理阶段（20 世纪 60 年代中期以前）

其特点是：

（1）数据不保存；

（2）只有程序概念，没有文件概念；

（3）1 组数据对应 1 个程序。

从技术和载体上看，在这个阶段主要是使用卡片手工记录野外物种调查情况，或是在计算机上建立单条无逻辑结构的数据。

2. 建立物种数据库及信息系统阶段（1970—1980 年）

其特点是：

（1）数据可长期保存；

（2）有了简单的数据结构；

（3）数据不再属于某个特定的程序。

采用传统的方法和手段管理浩繁、庞杂的生物多样性信息，已无法满足生物多样性管理的需求，计算机技术和数据库技术为处理这些庞杂数据或信息提供了先进手段，这个阶段各种数据库和信息系统得以建立，各种湿地物种编目数据库比较完善。

3. 基于 GIS 的湿地物种数据库技术产生于 20 世纪 90 年代

其特点是：

（1）数据结构复杂；

（2）数据具有较高的时空特性。

发达国家和地区在生物资源数据管理方面起步较早，例如美国的自然保护组织经过15年的努力已建立了一个综合性的生物资源数据系统。另外还有ROPICOS(Missouri Botanical Garden)、MUSE、国际植物园保护协会的濒危植物材料数据库,以及台湾师范大学的两栖爬行数据库等。世界保护监测中心(WCMC)近年来工作的重点之一就是开发和维护一系列生物多样性保护方面的数据库,同时还帮助其他国家或组织进行能力建设,以开发他们自己的生物多样性信息系统。

随着互联网技术的发展,通过互联网发布生物多样性数据库已经日趋成熟。目前比较有影响的生物多样性信息平台有全球生物多样性信息网(GBIF)、国际物种信息系统(ISIS)、北美ITIS的综合分类学信息系统(ITIS)等。

(二)生物多样性数据管理技术发展趋势

随着信息技术的发展以及网络技术的普及和成熟,要求生物多样性数据库的建设跟上时代的潮流,首先我们看到生物多样性数据库的构建显现出以下一些新的特点。

1. 数据库不再是单机数据库,而是通过Internet发布的Web数据库

Internet是目前全球最大的计算机网络,它几乎遍及全球所有的国家与地区。而Web则是因特网上最受欢迎、最为流行的信息检索服务形式。把Web技术与数据库相结合,使用户可以在WWW图形用户界面上方便地检索数据库中的内容,使数据库的存储和管理也上升到了一个崭新的高度(图7—1)。

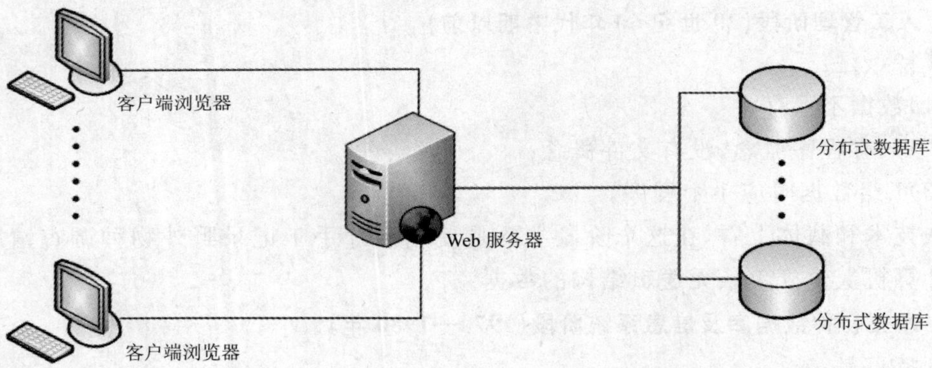

图7—1 生物多样性信息系统Web数据库结构示意

Web数据库具有常规单机数据库无法比拟的优点:客户端无需配置特别的软件,只要通过WWW浏览器就可以完成数据库的查询;界面友好,容易使用,通过鼠标的点击就可以完成大部分查询任务;系统具有很好的自适应性,数据库发生变化时,无需更改页面和应用程序;Web可以同时接收多个用户查询浏览;不再需要纸张和软盘介质的数据传递和汇总,更容易实现真正意义上的分布式数据库。

2. 数据库不再是纯文字描述的文本数据库,而是具有超链接的多媒体数据库

它把各种类型的信息资源,如文本、静态图像、视频、声音和影像有机地结合起来。数据库可以提供如鸟类的鸣叫、各种生物的图片和影像的演示等服务功能。

3. 数据库不仅是通常意义的关系型数据库,而是通过因特网实现的分布式数据库

分布式数据库系统(DDBS)包含分布式数据库管理系统(DDBMS)和分布式数据

库(DDB)。在分布式数据库系统中,一个应用程序可以对数据库进行透明操作,数据库中的数据分别在不同的局部数据库中存储,由不同的 DBMS 进行管理,在不同的机器上运行,由不同的操作系统支持,被不同的通信网络连接在一起(图 7—2)。

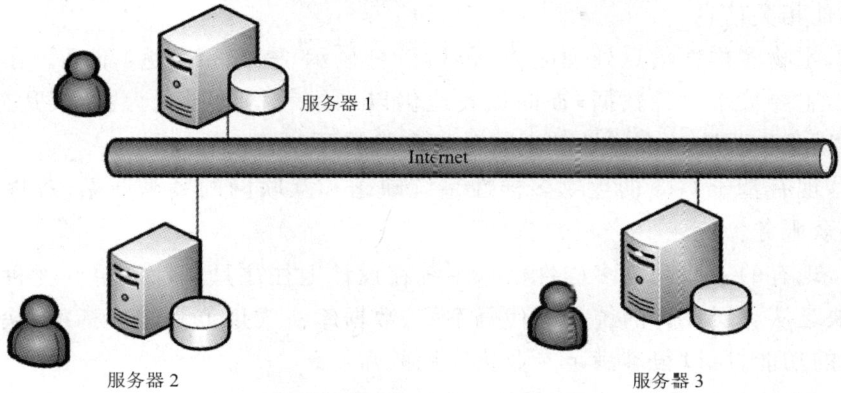

图 7—2　生物多样性数据库分布式数据库结构

目前,生物多样性信息系统的建设也从简单的基于数据库技术的 MIS 系统过渡到基于 GIS 技术的数据库阶段。这是由于生物多样性数据具有典型的时空特性,因此生物多样性物种信息管理必须依靠具有强大管理分析功能的地理信息系统的支持。基于 GIS 的生物多样性数据管理技术将成为政府部门制定环境政策及环境应用的关键技术,为保护生物多样性和保护区规划评价提供科学的信息管理分析和决策手段。

此外,运用先进的地理信息系统和互联网技术,建立可通过 Internet 网络进行发布,并利用网络浏览器对生物多样性信息管理平台进行互操作的构架——WebGIS 技术也已经成为生物多样性信息管理的趋势。通过 WebGIS 实现对信息的远程查询、统计、分析和数据上传等功能,从而提高生物多样性信息管理的效率,使管理更具科学性。

(三)我国生物多样性数据管理技术现状

近年来,国内在生物多样性信息管理方面也做了大量工作,我国从 20 世纪 90 年代开始物种编目数据库的建设。中国陆生脊椎动物物种编目数据库是由中国科学院动物研究所于 1992 年承担建立,数据库提供网上服务。该数据库是目前我国开发的较为成熟的物种数据库系统,可以针对哺乳类、鱼类、两栖爬行类和鸟类进行分类精确查找,目前已收录了 1 万余种(亚种)动物的基本信息。此外,农业部建成了农作物种质资源数据系统,各有关部门还建成中国畜禽种质资源数据库和牧草种质资源数据库等。我国现有较成熟的全国性生物多样性信息系统有中国生物多样性信息系统(CBIS)。国内地区性的生物多样性信息系统有上海市生物多样性信息系统、安徽省物种信息系统等。

在看到生物多样性信息系统建设日趋完善的同时,也要看到我国的生物多样性信息管理仍然存在着以下问题:

第一,目前国内围绕生物多样性建设的信息系统多数集中在物种方面,且数据管理技术比较薄弱。生物多样性信息系统中所包含的信息不仅仅涉及生物属性数据,还要包含自然和行政区划、地理、土壤类型、人类活动等信息。因此,生物多样性信息系统不仅是实现对生物区域调查和物种编目的数据库,还应该包括生物物种的空间地理分布和其他相关信息。

第二,生物多样性信息处理能力(包括信息显示、查询和表达)不足。在现有的一些系统中,主要显示物种数据,查询和表达仍以二维表格的形式为主,表达效果不佳,难以扩展用于生物物种多样性的现状分析和趋势预测方面。

第三,现有基于 GIS 的生物多样性系统缺乏和互联网的紧密联系,难以实现信息交流和公众服务。

第四,现有的一些生物多样性信息系统在设计上往往只是针对单一物种信息的简单查询,缺乏从底层设计的统一的代码系统、数据库格式规范和转换标准,缺乏进一步空间分析的功能,所以很难满足专业化应用的需要。

尤其需要注意的是,生物多样性是多样化的生命实体群,是一个描述区域内多样性程度的概念,它包含了广泛的内容,是时间和空间的函数,具有区域空间分布特征。使用 GIS 技术不仅可以存贮生物多样性的基本属性信息,而且能够利用物种的空间位置和时空分布信息,进行特种物种的生境、种群动态的跟踪管理,所以具有灵活检索、快速检索的优点。因此,目前 GIS 结合 RS 和 GPS 等现代空间技术,正在逐步应用于生物多样性信息管理之中。

二、湿地生物多样性信息系统设计

(一)系统功能分析

安庆沿江湿地生物多样性信息系统是在中国—欧盟生物多样性项目"通过安徽省安庆市政府行政管理、能力和社会责任保护湿地生物多样性"支持下完成的。物种信息来源于近年的科学考察、高校和科研院所公开发表的研究成果,以及有关部门的生物资源调查成果。信息系统将调查的资料进行整理,分类录入到数据库中,并实现远程网络录入、查询和后台数据库的管理维护工作等功能。系统可以实施物种查询、分类查询、景观区查询、监测单元查询等多种属性和空间查询功能。

(二)基于 WebGIS 的湿地生物多样性信息系统体系构架

基于以上系统功能分析,湿地生物多样性管理信息需要通过各属性和空间数据库相互之间的关系,制定相应的技术标准,建设规范的数据库,把各信息有机地结合在一起,并利用计算机网络、数据库和地理信息系统技术,对湿地生物多样性信息实现网络化、规范化和科学化管理,采用分布式数据库结构组织数据和发布信息,高效管理和组织湿地生物多样性各类信息,并能随时随地查询生物多样性的各种信息,及时、动态、科学、准确地提供相关决策信息。

生物多样性管理信息平台是在 WebGIS 和分布式数据库的基础上构建的,系统构建在客户模式的 Brower/Client 环境中,特点是其客户端软件为网络浏览器,可以跨平台使用并且对客户端无太多的要求，客户端只负责提交用户需求，其计算、查询等操作均在主机上进行，并把结果返回到客户端。这种结构具有广泛的实用性，其功能均在后台实现，不涉及客户端，所以系统的维护、升级非常方便，适合于查阅地点分散、用户不确定的情况。生物多样性信息系统的总体结构可用模型图(图 7－3)来表示。

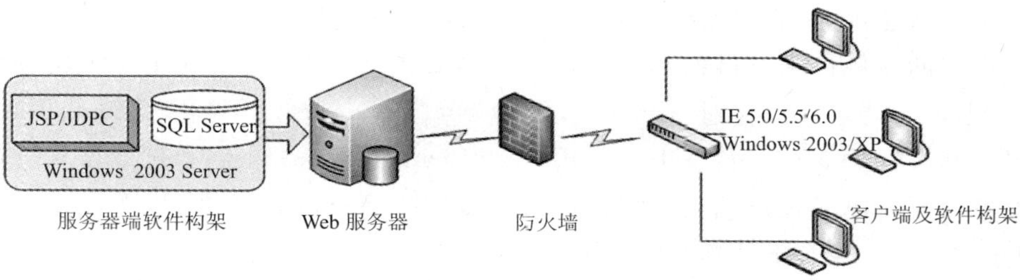

图 7－3 生物多样性信息平台的总体结构

系统设计采用三层体系架构(图 7－4)，结构模式为“客户端＋WebGIS 服务器＋数据库”。WebGIS 用 JSP 从 SQL Server 数据库中读取数据与用户进行交互作用，在客户端下载 Java Applet，实现地图的发布、比例放缩、信息查询等功能。系统由浏览器发出请求给 WebGIS 服务器(Apache/ Tomcat 等)，Web 服务器将请求送给相应的由 JSP 中的 Java 代码生成的 Servlet，Servlet 负责激活设定相关属性的 Java Bean，由 Java Bean 与数据库相连接，在服务器端进行数据的各种查询、分析、检索等操作。这样，每次 JSP 询问 Java Bean 组件属性时，Java Bean 动态处理并将结果传给浏览器，由浏览器显示结果给用户。

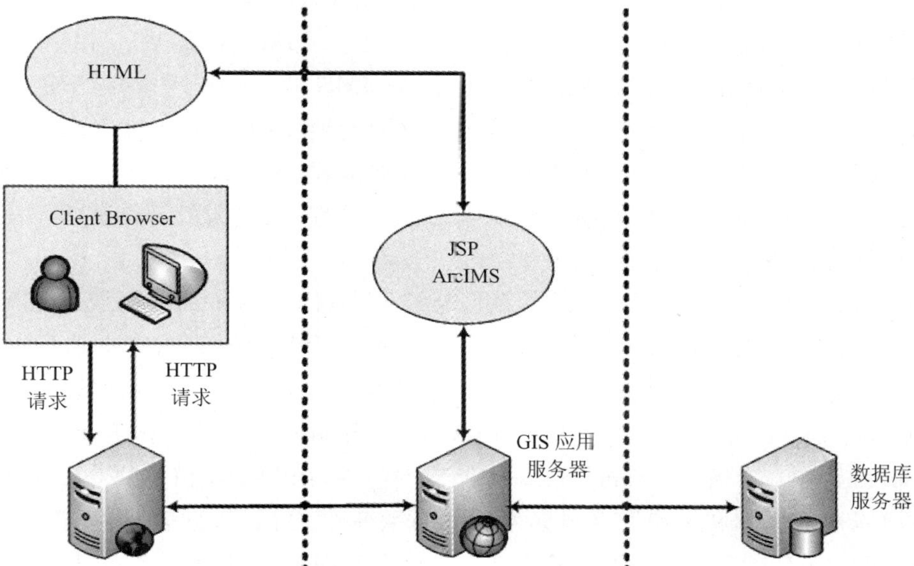

图 7－4 湿地生物多样性信息结构流程

图7－4中用户界面层(客户端)采用了Java Applet技术,主要用于显示图形数据,如地图信息、野生动植物分布、自然保护区、湿地资源信息,可接收来自服务器端的矢量数据流;客户端的定制由HTML和Java Script实现,主要用来产生用户界面和显示非图形数据。

应用逻辑层由ArcIMS、Java Server Page、Java Servlet和Java Bean等组成,协同完成客户端的业务请求。借助ArcIMS的Spatial Server,可以较方便地实现分布式处理机制,繁重的请求可以通过Servlet分配给Spatial Server内不同实例来处理,满足高负荷服务器系统的需求。数据中间件用Java Bean实现,提供连接池和数据缓存的功能。服务器在完成了客户端某个需要访问数据库的请求的处理之后,连接池负责保留和数据库的连接,在有新的连接请求时连接池将空闲的句柄提交给连接请求程序。缓存池保留了客户端最近几十个请求产生的结果,服务器在接收到请求之后先在缓存池中查找有无现成结果。如果有,则直接返回给客户端;如果没有,则提交给其他程序进行处理。

数据层为应用逻辑层提供所需的数据服务,包括属性和空间数据库的存取管理功能。MS SQL Server数据库由数据库管理系统(DBMS)维护,地理空间数据库是WebGIS系统平台的核心,本系统空间数据利用ArcMap软件实现数字化功能,分别生成湖泊水域、道路、居民区等图层,ArcIMS使用的GIS空间属性原始文件ShapeFile由桌面GIS(ArcMap)系统生成并维护。

(三)系统开发的开发平台及技术路线

开发软件平台将决定系统整体的技术路线、应用深度和可扩展性,是总体设计中至关重要的一项内容,湿地生物多样性信息系统由ArcIMS提供WebGIS地图服务,以SQL Server作为后台数据库来提供数据。ArcIMS是一套技术成熟的面向互联网的地图发布服务器开发平台,它集成了基于互联网的地图制作、网站设计、地图发布以及服务管理等应用功能,利用它可以方便地设计并搭建WebGIS服务平台。它提供了多方位的WebGIS解决策略,具有简单的基于向导的界面、强大的智能化客户端、方便的定制功能和高质量的制图显示。

ArcIMS体系继承了J2EE多层体系框架结构,总体上由4部分组成:客户端表示层、业务逻辑层、数据管理层和ArcIMS网站管理工具(图7－5)。客户端可以是IE/Netscape浏览器,甚至是无线接收设备。业务逻辑层包含了应用服务连接器(Application Server Connecter)、应用服务器(ArcIMS Application Server)和空间服务器(ArcIMS Spatial Server)等运行Map Service所需的组件,用于处理相关的GIS事件请求、访问空间属性数据库和平衡服务器负载。数据管理层提供了对其他桌面式GIS应用系统的访问,便于对空间数据库进行管理。ArcIMS服务器各组件之间以及服务器与客户端浏览工具之间通过ArcXML进行通信。当一个ArcIMS请求生成之后,首先由Web Server处理,通过某个连接器提交给ArcIMS Application Server,Application Server再把请求传输给相应的Spatial Server处理。Application Server是所有服务的

“大脑”，它及时地将请求送到相应的 Spatial Server，并且处理负载平衡和进行流量控制。Spatial Server 处理实际的工作，如创建地图、传输矢量数据、图层处理。GIS 服务器端复杂的业务逻辑处理完成之后，通过连接器最终完成用户的请求。

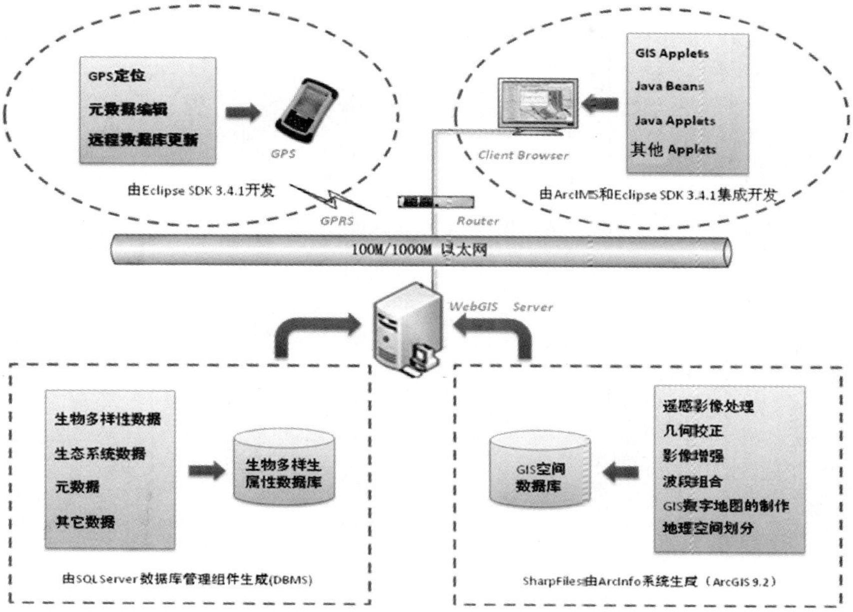

图 7—5　湿地生物多样性信息系统开发技术路线

三、湿地生物多样性信息系统功能实现和系统构建

（一）湿地生物多样性信息系统数据库构建

湿地生物多样性信息系统是以数据库为核心，生物多样性数据库在整个生物多样性信息系统中起着举足轻重的作用，数据库设计的优劣将直接影响到系统的性能。其中物种数据库主要包括：物种基本属性信息库、物种分布空间库、物种分类系统库、保护区信息库等。生物多样性数据库的构建应根据国际生物信息分类和编码的原则，以及生物信息特点，对生物多样性信息进行分类和编码。

1. 属性数据库开发平台

选择 SQL Server 2000 作为湿地生物多样性信息系统数据库开发平台。SQL Server 2000 是微软公司于 2000 年 10 月发布的一个大型关系数据库，现在广泛应用于企业级的服务器中，是现代大型关系数据库中的佼佼者。SQL Server 2000 具有从一个浏览器通过防火墙安全访问数据库的能力，提供了对格式化文档快速的全文索引。设计在保证安全的基础上考虑降低数据冗余，以保证数据完整性和一致性。

2. 属性数据库组织结构

湿地生物多样性属性数据库基本关系是以湿地物种基本属性信息表为核心，以主关键字物种代码为线索，在“实施参照完整性”和“级联更新”的基础上，在基本属性信息表与分类信息表、生境属性表、自然保护区属性表、景观单元属性表、物种濒危等级表、信息来源表以及标本信息表之间建立"一对多"的关系(主表的关键字段唯一,新表外部键中的值可以和现有数据库中相关字段中的多个项相匹配)。其结构如图 7－6 所示。

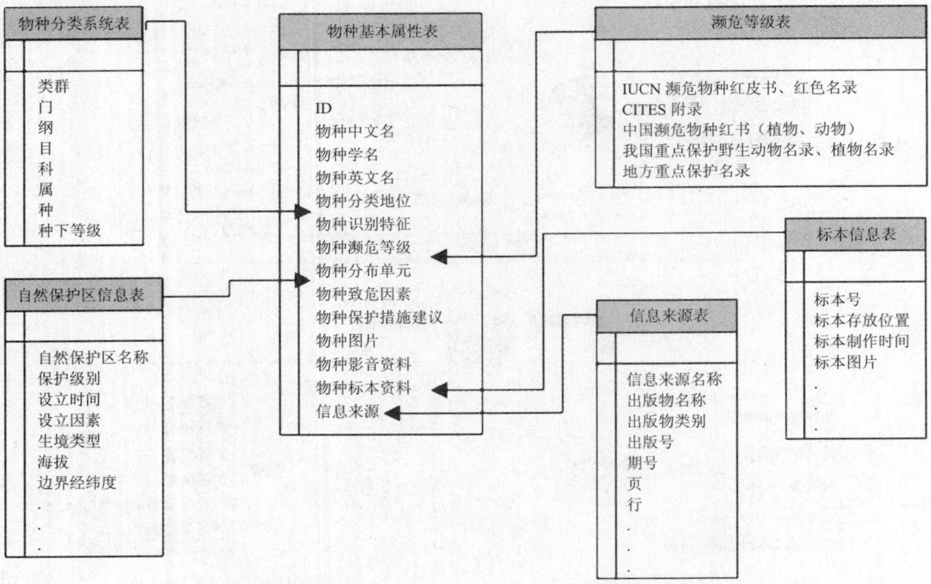

图 7－6　湿地生物多样性信息系统数据库结构

3. 空间数据库构建方法

空间数据库存储有保护区的位置、行政区划和功能区划、各自然保护区的管护范围、生物多样性分布、珍稀濒危物种的栖息地、土壤类型分布、水系位置、自然保护区及周边居民点位置、保护区及周边交通网络等空间信息。空间数据库在信息平台中的作用是通过点、线、面等空间信息和属性数据的叠加和组合,为实现基于 GIS 的空间查询提供基础,并为进一步提取空间信息数据及进行相关的空间分析,以及自然保护区与野生动植物、湿地的关系及分析等提供有力支持。

在 ArcGIS 下,采用扫描和数字化相结合的方法将地图转化为可处理的数据结构,根据生物多样性与环境信息对 GIS 工作底图数字化的要求,在建库时把数字化得到的空间数据按其特征(点、线、面)分层存放,即把一种类型的数据放在一个层,经过简化处理,整个图面的信息分为若干层,为 GIS 平台分层处理打下基础后,将不同格式的数字数据转换为 SHP 格式,转换后建立拓扑关系,建立了所有图层拓扑关系后,将各层叠加制成可任意选择一个或多个图层显示的电子地图。

空间数据库中拓扑结构的构建方法是首先以 1 km×1 km 的网格对研究区域的地理空间进行网格划分,并对各空间网格编号(图 7－7),进一步建立网格和各级行政区划之间的关系(表 7－1),并输入到空间数据库中(图 7－8)。

图 7—7　菜子湖区域内空间网格划分图

表 7－1　菜子湖行政区域空间数据组织

市县名	村名	单元格编号
枞阳县	麒麟镇梅山村	3、6、7、8、11、12、13
	双兴村	16、17、18、21、22、27、28、33、34、41、42、43、44、45、52、53、54、55、56
	先让村	64、65、66、67、68、69、75、76、78、79、80、87、88、89、90、91、92、99、100、101、102、103、104
	礼让村	35、36、46、47、57、58
	车富村	113、114、115、116、117、127、128、129、130、131、140、141、142、143、152、153、154、155、165、167、168
	双丰村	177、178、179、180、189、190、191、192、201、202、203、204、212、213
	姥山村	216、217、218、222、223、224、225、232、233、234、235、236、237、242、243、244、245、246
桐城市	松贵村	1、2、4、5、6、10、11、14、15、16、19、20、23、24、25、26、29、30、31、32、37、38、39、40
	朱桥村	48、49、50、51、61、62、63
	蟠龙村	73、74、85、86
	珠檀村	97、98、110、111、112、123、124、125、126、136、137、138、139
	松山村	149、150、151、162、163、164
	瓦竹村	172、173、174、175、176、184、185、186、187、188、197、198、199、200
	双店村	170、171、172、182、183、195、196、197、206、207、208、209、210、211
	肖店村	108、109、121、122、134、135、146、147、148、158、160、161
	曹岗村	59、60、70、71、81、82、83、84、94、95、96、108、109
	枫树窑村	156、157、169、170、181、193、194、205
	许家村	105、106、107、118、119、120、132、133、144、145、
安庆市	王户村	214、215、219、220、221、229、230、231
	妙山村	238、239、240、241、248
	小龙山	249、250、251、252

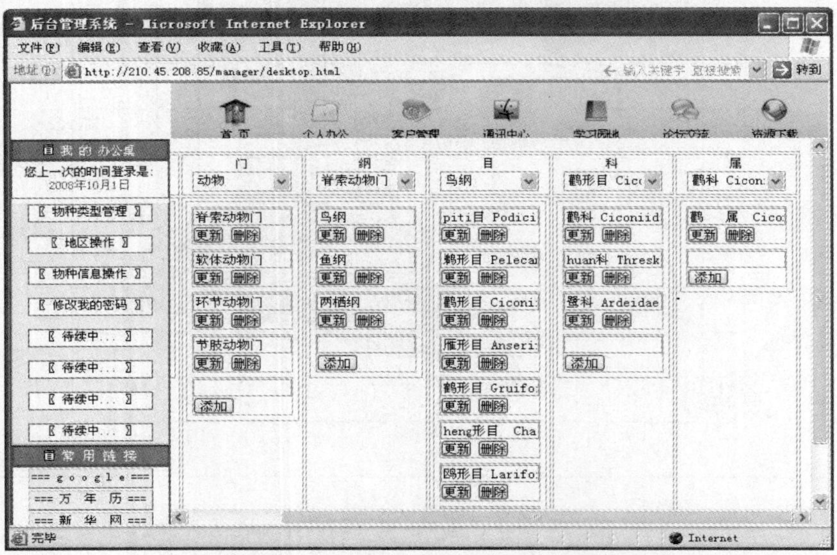

图 7－8　后台空间数据库构建界面

(二)湿地生物多样性系统功能的实现

湿地生物多样性信息系统的功能模块主要包括:物种信息输入和编辑管理、物种信息查询(物种查询检索、分类查询检索)、空间信息查询、用户管理和数据库管理(图 7—9)。

图 7—9　湿地生物多样性信息系统功能图

系统采用 HTML 语言和脚本语言编写用户界面,采用 JSP 技术构建客户端用户界面向 SQL Server 数据库请求和获得数据,并将查询结果及时反馈给用户,同时也为用户提供通过 Internet 直接向数据库输入数据的功能,从而实现各单位对生物多样性数据的远程输入、修改和维护。系统采用 ArcIMS 地图服务器向客户端提供地图数据。以下分功能模块介绍系统的实现。

1. 物种信息输入和编辑管理

用户(如林业局或自然保护区的管理人员)可以通过网页浏览器登录到湿地生物多样性信息管理系统后台,对湿地物种的属性数据和空间信息进行输入和更新,包括对物种中文名、英文名、学名、物种分类信息、物种识别信息、物种受胁等级、物种分布单元(行政单元、保护区单元和景观区单元)、物种图片、物种分布图等文字和图片信息进行编辑和管理(图 7—10)。为了提高数据输入效率,对湿地物种分布单元信息的输入采用多选框的形式,对物种分类信息采用下拉列表框录入。此外还包括扫描矢量化、矢量数据编辑、数据分层、矢量或栅格数据的校正等空间数据的输入和修改。

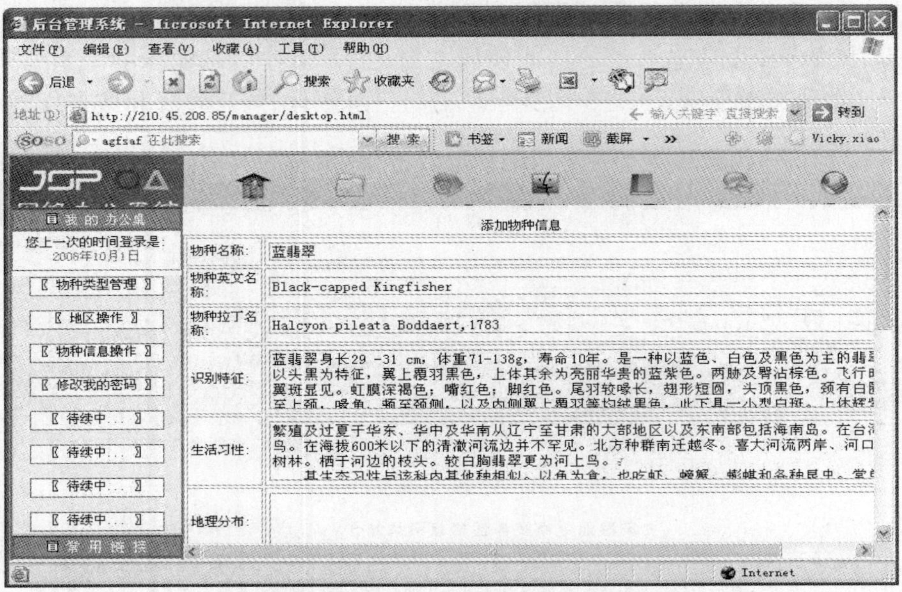

图 7－10 物种信息输入和编辑管理界面

2. 物种信息查询

湿地生物多样性信息查询是信息系统的关键功能。本系统主要分 3 种信息查找方式：对物种中文名、英文名、学名的模糊查找；按照物种分布单元（包括行政单元检索、保护区检索和景观区检索）进行物种信息的查找；按照物种分类系统进行由门、纲、目、科、属、种的多层级联方式的查找（图 7－11、7－12）。

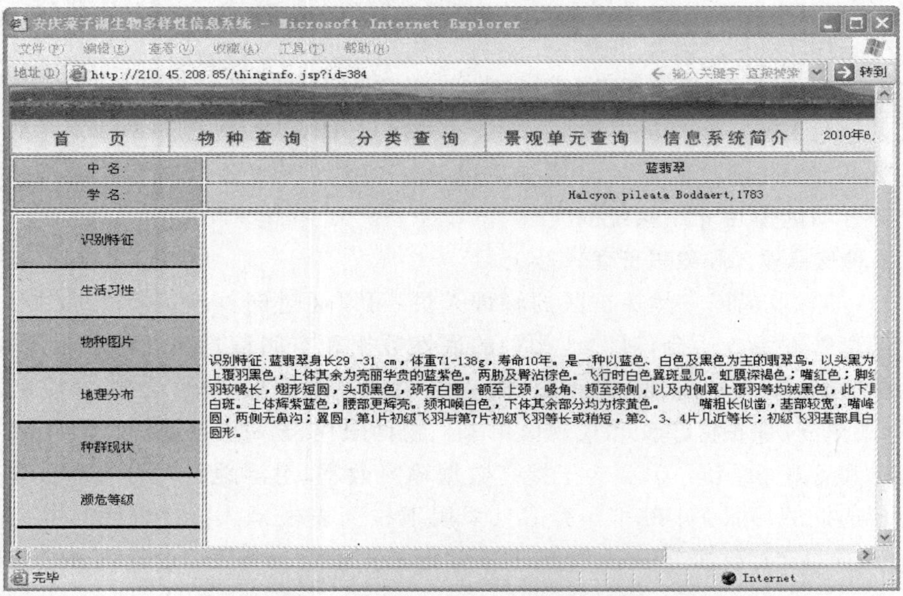

图 7－11 安庆湿地生物多样性信息系统的物种查询页面

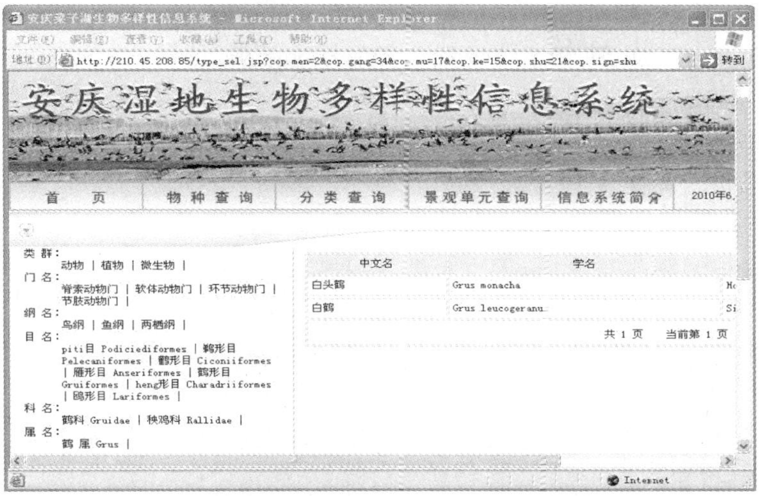

图 7—12　安庆湿地生物多样性信息系统的物种分类查询页面

3. 空间信息查询

包括各种图形要素的查询(可放大、缩小和漫游等)。可直接在网上查阅所需的各种图形，如查看湿地区域内的行政区划、水域、道路等；实现图形数据与属性数据的双向查询，即根据图形查询相应的属性信息(点选、框选、多边形和圆形选择查询)，如点击湿地 GIS 图中任一网格区域标志可查询其相应的物种的属性，或输入物种的名称等属性值查询其在地图上的相应位置(图 7—13)。

图 7—13　安庆湿地生物多样性信息系统的空间信息查询页面

WebGIS 系统查询客户端界面可划分为 7 个区域：

(1)标题区

显示安庆湿地生物多样性信息平台标志。

(2)系统功能区

可以浏览系统说明,进行系统设置和获取系统帮助。

(3)地图操作区

通过选择工具来实现地图操作,包括上一视图、下一视图、放大、缩小、漫游、全景视图、查询、量测等多种功能。

(4)地图浏览区

可以看到整个操作结果,给用户提供直观显示。

(5)鹰眼区

提供当前局部地图区域在全景地图中的地理位置,方便概览全图。

(6)图层控制区

通过选择复选按钮控制图层是否显示,并可以设置图层属性。

(7)查询结果显示区

通过点击 GIS 地图上的空间区域可以查询到该区域内的物种信息。

WebGIS 平台在 IE6.0 中的运行界面如图 7－14 所示。

图 7－14　安庆湿地生物多样性信息系统的 WebGIS 地图操作和查询页面

4. 用户管理

根据用户权限的不同进行密码管理。用户分为 3 个等级:系统管理员、数据管理员和普通用户。

系统管理员具有对数据库系统进行最高权限的管理。数据管理员可以从远程登录进入各自的编辑子系统。普通用户只能通过互联网查找信息和通过留言板进行信息回馈。

5. 数据库管理

主要功能包括:数据备份、数据还原和数据重建等。

第八章　湿地生态功能与价值

一、湿地生态服务功能价值构成

(一)生态系统服务功能定义

生态系统服务功能是指自然生态系统及其物种所提供的能够满足和维持人类生活需要的条件和过程。它在为人类提供物质资料的同时,还创造与维持了地球生命支持系统,形成了人类生存所必需的环境条件。

(二)湿地生态系统的价值构成

湿地生态系统功能和服务的多面性,决定了湿地生态系统服务具有多价值性。目前从国内外的研究来看,研究者从资源经济学、生态经济学、环境经济学等角度对湿地生态系统服务功能的价值组成提出了各种不同的划分方法。以科学社会研究为主导的分类将湿地生态系统服务功能价值构成分为使用价值和非使用价值两个方面,其中使用价值包括直接使用价值、间接使用价值、备选价值和半备选价值。而以生态系统为主导因素的生态系统服务价值分析,将湿地生态系统价值分为两类:一是基础服务价值,包括资源价值(食品、原料等)、功能价值(净化水质、大气调节等)和栖息地价值(动物栖息等);二是社会服务价值,相对基础价值对应于维持人类生存、生活的基本条件,社会服务价值反映的社会属性通常取决于人的主观行为,而生态系统为人类提供精神享受条件。

二、生态服务功能

(一)物质生产功能

物质生产是指生态系统生产的可以进入市场交换的物质产品,包括全部植物和动物产品。安庆沿江湖泊湿地自古就是我国重要的水稻产区和淡水鱼类生产基地,水稻和鱼类是其主要的物质产品。这些产品可以直接进入市场,实现价值。所以,安庆沿江湖泊湿地的物质生产功能价值主要包括粮食作物和水产品两方面。

1. 水产品价值

运用直接市场价值法对行政区涵括安庆沿江湖泊湿地 9 个主要湖泊的 6 个县市的水产品进行价值估算,结果如表 8－1 所示。

表 8－1 安庆沿江湖泊水产品评估价值

	渔业产量/($\times 10^4$ t)	市场价值/(万元)
桐城	2.4	22 224.0
枞阳	8.0	74 080.0
宿松	7.0	64 280.0
望江	2.5	23 427.8
太湖	2.7	25 002.0
怀宁	2.2	20 742.4
安庆市区	6.5	60 190.0
合计	31.3	289 946.2

注:渔业产量来源于各市县渔业局 2008 年公布数据。

2. 水稻产品价值

水稻是安庆沿江湖泊湿地物质生产的重要组成部分。同样运用市场价值法对行政区涵括安庆沿江湖泊湿地 9 个主要湖泊的 6 个县市的水稻进行价值估算(包括早稻、中稻和一季晚稻、双季晚稻),结果如表 8－2 所示。

表 8－2 安庆沿江湖泊水稻产品评估价值

	水稻产量/t	市场价值/(万元)
桐城	387 986	8 147.7
枞阳	313 696	6 587.6
宿松	236 068	4 957.4
望江	270 260	5 675.4
太湖	177 100	3 719.1
怀宁	369 704	7 763.8
安庆市区	51 115.5	1 073.4
合计	1 805 929.5	37 924.4

注:水稻产量资料来源于各市县地方志。

(二)蓄水功能

湿地除了在洪水期间能够均化洪水之外,在干旱季节还能调节旱情。安庆沿江湖泊群是个天然的水库,其水源主要来源于 13 条长江一、二级支流,包括华阳河、皖河、枞阳长河、汤沟河、横埠河等水系和其他一些地表径流。安庆沿江湖泊群洪水期蓄水,枯水期对长江中下游地区水量起着重要的补给作用。根据安庆沿江湖泊全年水位变化,习惯上将 11 月至翌年 3 月称为枯水期,6 月至 9 月为汛期,其他时间为平水期。安庆沿江湖泊湿地在 3 个不同时期,其蓄水服务的对象和蓄水能力不同。枯水期蓄水容量最小,主要是为维持生物多样性及珍稀鸟类用水服务;平水期蓄水容量次之,主要为生产、生活用水服务;汛期的蓄水容量最大,主要为洪水调蓄服务。

根据安庆沿江湖泊湿地 9 个主要湖泊的蓄水量,使用影子工程法估算出其可提供水源的物质价值，结果如表 8－3 所示。

表 8－3　安庆沿江湖泊供水与蓄水价值评估

	蓄水量/（$\times 10^8 m^3$）	市场价值/（亿元）
龙感湖	9.70	0.97
黄大湖	7.99	0.80
泊湖	6.90	0.69
菜子湖	11.50	1.15
破罡湖	0.30	0.03
武昌湖	2.02	0.20
白荡湖	1.54	0.15
枫沙湖	0.93	0.09
陈瑶湖	0.60	0.06
总计	41.48	4.14

注：湖泊蓄水量资料来源于《安徽省志》，单位供水与蓄水平均价格为 0.1 元·m^{-3}。

（三）调节大气组分功能

大气温室效应对全球气候变化的影响已经引起社会的广泛关注。二氧化碳（CO_2）是浓度最高、对温室效应贡献最大的温室气体。湿地作为二氧化碳重要的“汇”和“源”，对全球范围碳循环有着显著的影响。

湖泊湿地的大量绿色植物进行光合作用，吸收二氧化碳，释放氧气，调整大气的成分组成。安庆沿江湖泊湿地除了拥有大面积的湖岸草本植物，还拥有面积近 2×10^4 hm^2 的人工杨树林，这些植物的固碳量是湿地贮碳功能的主要组成部分。此外，天然湿地的土壤以长链有机碳化合物或者泥炭状植物物质保留碳元素。安庆沿江湖泊湿地总面积达 136 547.2 hm^2，所以其土壤具有巨大的贮碳服务功能。近些年来，安庆沿江湖泊湿地改造引起土壤好氧微生物增加而排放的二氧化碳以及湿地正常土壤呼吸排放的二氧化碳、甲烷（CH_4）增多。因此在研究湿地对气体调节贡献时，也需考虑到温室气体排放带来的负面影响。

（四）净化功能

湿地具有强大的净化污水能力，是自然环境中自净能力最强的生态系统之一。湿地生态系统是一种介于土地处理系统和水生植物处理系统之间的自然污水处理系统。它结合了二者的优点，利用生态系统中物理、化学、生物的三重协调作用，通过过滤、吸附、沉淀、植物吸收、微生物降解来实现对污染物质的高效分解与净化。从自净能力来看，湿地是同等地域森林净化能力的 1.5 倍，所以被誉为“自然之肾”。

近些年来，随着安庆沿江经济带经济的发展，城市化水平显著加快，产生大量的污水。同时农业生产中农药、化肥的大量使用，鱼类养殖业中饲料的输入等给安庆沿江湖泊湿地加大了环境负荷，对其环境安全造成极大威胁。表 8－4 列举了 2007 年安庆市各行政区污水及主要污染物入河量。而 2007 年安庆沿江湖泊水质监测结果显示，主要湖泊水体部分指标超过《地表水环境质量标准（GB3838—2002）》中Ⅲ类水体水质标准，总体维持于Ⅱ～Ⅲ类水质标准之间。可见安庆沿江湖泊湿地净化功能的重要性，尤其是对水域中氮(N)、磷(P)的吸收，有效地抑制了沿江各湖泊的富营养化。

表 8－4 2007 年安庆市部分县市污水及主要污染物入河量

行政分区	排污口数/个	污水入河量/($\times 10^4 t \cdot a^{-1}$)	主要污染物入河量/t	
			COD_{Cr}	氨氮
安庆市区	8	10 478	3 716	649
桐城市	2	470	233	46
枞阳县	2	79	260	50
怀宁县	3	1 062	619	175
太湖县	3	1 635	1 453	227
望江县	1	51	5	5
宿松县	1	288	138	73
合　计	20	14 063	6 424	1 225

注：数据来源于安庆市水利局，安庆市 2007 年水资源公报。

(五)气候调节功能

在湿地能量转换中，诸多因子的变化过程直接或间接地影响气候和环境，其能量转换尤其对小环境有重要的调节功能，如大气、植被和土壤表面之间的辐射过程、感热和潜热交换，土壤中热传导和土壤孔隙的热量传输以及水文过程中的大气降水和地表地下径流的输入，湿地表面的水汽蒸发，植被的蒸腾，水汽在地表和近地面大气的凝结，液态水的流动与渗透，冰雪的融化和冻结。

安庆沿江湖泊湿地的近岸湿生植物带中草本植物生长旺盛。密集的草丛阻碍了水汽蒸发扩散，确保湿地能够长时间地滞留水量。草本植被群落由于植物生长茂盛，水分通过植物向环境空气中的蒸腾量大，从而增加安庆沿江湖泊周边城市区域环境空气中的水分含量，使周围地区保持良好的湿度。湿地地表积水，是一个巨大的贮水库，而由于水的比热和溶解热较大，对大气温度变化的影响有一定的缓冲作用。表 8－5 为安庆沿江湖泊周边区县市与安徽部分非湖泊周边区县市平均湿度、温度比较。由表中数据计算可知，湖泊周边区平均冬夏温差为 24.92 ℃，较非周边区平均冬夏温差 25.66 ℃低0.74 ℃。

表 8－5 安庆沿江湖泊周边区与非周边区湿温比较

	市(县)	年平均湿度/%	7 月份平均气温/℃	1 月份平均气温/℃
湖泊周边区	桐城	—	27.8	3
	太湖	76	28.4	3.7
	望江	—	28.8	3.7
	宿松	77	28.7	3.8
	枞阳	76	28.7	3.6
	怀宁	—	28.6	3.4
非湖泊周边区	当涂	76	28.3	2.7
	无为	78	28.2	2.5
	和县	—	28.2	2.5

注：气象数据引自各县市地方志。

(六)维持生物多样性功能

湿地处于陆生生态系统与水生生态系统的交汇过渡带，受两种系统的影响又区别于这两个系统，具有自身的特性。受边缘效应的影响，湿地区域生物多样性较为丰富。而且独特的湿地生态环境，也形成了与之相适应的独特生物多样性构成。安庆沿江湖泊湿地位于长江中下游，生态环境十分复杂。它适宜于软体动物、鱼类、两栖类、爬行类、鸟类、兽类及水生、湿地植物等多种生物类群的栖息、繁衍，尤其是多种珍稀水鸟优良的栖息场所。安庆沿江湿地地处"东亚一澳大利亚候鸟迁徙线"上，由于水热条件好，而且地形相对平缓，所以是越冬水鸟类理想的迁徙停歇和越冬之地。自 2005 年加入"东亚一澳大利亚鸻鹬类保护网络"以来，目前安庆沿江湿地已有 15 种水鸟达到迁徙路线 1%标准，即有 15 种水鸟的越冬数量已经超过迁徙路线种群数量总数的 1%：鸿雁为 35.8%、白头鹤为 33.3%、豆雁为 28.8%、白琵鹭为 19.6%、黑鹳为 15.0%、小天鹅为 11.1%、鹤鹬为 7.0%、东方白鹳为 5.4%，另外凤头䴙䴘、黑腹滨鹬、反嘴鹬、绿翅鸭、凤头麦鸡、大白鹭、赤麻鸭也均超过 1%的标准。可见，安庆沿江湖泊湿地的特殊生境为各种涉禽、游禽提供了丰富的食物来源和营巢避敌的良好场所。

安庆沿江湿地动物资源十分丰富。根据调查统计，安庆沿江湿地脊椎动物中，有鱼类 10 目、20 科、91 种，两栖类 2 目、8 科、12 种，爬行类 2 目、8 科、20 种，鸟类 15 目、41 科、166 种，哺乳类 8 目、14 科、42 种，安庆沿江湿地脊椎动物共为 38 目、94 科、354 种。除脊椎动物外，还有底栖动物 14 目、31 科、57 属、86 种，昆虫有 16 目、128 科、340 属、440 种之多。安庆沿江湿地植物种类丰富，资源类型多样，经济价值高，用途广泛。根据近年来的调查统计，安庆沿江湖泊湿地植物区系有野生维管束植物 97 科、299 属、442 种。

(七)休闲旅游功能

随着生活水平的提高，如今人们倾向借户外旅游、休憩来调节身心、消除社会生活的紧张感，因此使得一些自然区域成了生态旅游的热点。

1. 生态文化旅游区

安庆沿江湿地的自然景观相当丰富。夏季湖水高涨，呈现一片汪洋；冬季水落，滩涂、沼泽、水域尽收眼底。除了天然湖泊景观外，还有如海上蓬莱之称的浮山、风景秀丽的小龙山风景区等一系列自然景观。安庆沿江湿地结合安庆市国家历史文化名城和其丰厚的文化底蕴，已形成以湿地生态旅游为主体，集观光、休闲、度假、美食和文化体验于一体的特色湿地生态文化旅游区。如安徽嬉子湖有限公司的"生态 · 嬉子湖"旅游项目，2006 至 2008 年共投入资金 6 000 万元，建成拥有 1 800 m^2 的嬉子湖游客接待中心。另有 107 hm^2 的精养鱼池、120 hm^2 休闲垂钓中心和水上乐园、高标准休闲渔业观光码头 3 座、大小游艇 14 艘、2 000 m^2 的嬉子湖度假村及 300 m^2 的有机水产品采购中心。该中心年接待游客超过 5 万人次，在生态旅游、餐饮、娱乐等方面形成完整的功能配套。

2. 城市湿地公园

湿地公园是以具有显著或特殊生态、文化、美学和生物多样性价值的湿地景观为主体，且具有一定的规模和范围，以保护湿地生态系统完整性、维护湿地生态过程和生态服务功能为目标，并在此基础上以充分发挥湿地的多种功能效益、开展湿地合理利用为宗旨，供公众游览、休闲或进行科学、文化和教育活动的特定湿地区域。如石门湖位于安庆城西，为浅山群环抱一片平坦地而形成的通江湖套。石门湖距离安庆市市区较近，可以利用交通便利和出行时间短的优势，建成石门湖湿地公园，为安庆市民提供休闲场所，在此人们不仅可以领略大自然的神韵，丰富文化生活，另外还可开展科学、文化和教育活动，从而形成具有独具特色的湿地公园景点。

（八）科学研究功能

安庆沿江湖泊湿地作为多样性程度高而受人类干扰程度较轻的生态系统，吸引了大量科学工作者在此开展研究工作。首先，安庆沿江湖泊湿地本身就为湿地生态系统形成、发育和演化等内容提供了良好的研究对象和科学素材，这也将为丰富湿地科学理论，并在探索人类活动对湿地生态系统的影响等方面提供良好的研究内容和理想的研究区域。其次，安庆沿江湖泊湿地系统的各组成成分也可以为科学研究提供诸多的研究对象。如：在对各个沿江湖泊湿地越冬鸟类长期变化动态及机理的监测研究基础之上，可以建立安庆沿江湖泊鸟类信息系统，进而对越冬鸟类开展积极有力的保护；对安庆沿江湖泊湿地温室气体释放的研究，可以从机理上揭示湿地温室气体源、汇过程与通量变化的机制；对安庆沿江湖泊湿地较强净化能力的研究，可以揭示其物理、化学和生物过程及其与功能的密切关系，以达到从机理的角度认识湿地特有的功能等。

（九）社会服务功能

湿地的社会服务功能是指湿地为人类提供的社会经济活动机会。安庆沿江湖泊湿地的复杂生态环境、丰富的物种多样性、珍稀濒危物种为湿地管理保护人员提供了条件优越的培训场地、教材，同样也为生物保护宣传教育提供了宝贵的天然课堂。此外，安庆沿江湖泊湿地还提供了大量的就业岗位，其中主要包括渔业岗位（猎渔、水产养殖等）和旅游产业服务岗位、保护区员工岗位等。

第九章　湿地生物多样性受胁状况及保护措施

一、湿地生物多样性受胁因素

(一)水利工程

随着长江流域农业文明的发展，大量人口聚集在沿江地区，人对湖泊的干扰不断加大。安庆沿江地区在历史上先后修建和加固了江堤和圩堤，如同马大堤、枞阳江堤，以及东兴圩、广成圩，此外，还先后在华阳河湖区修建了华阳闸、杨湾闸，在武昌湖修建了皖河闸，在菜子湖修建了枞阳闸，在白荡湖修建了白荡闸，在陈瑶湖修建了梳妆台闸等。水利设施的建设使得水文状况发生了改变。在民国年间，华阳河区的江湖之间各段均有港道相通，湖水入江总口在华阳，华阳以上有宝塔河与武昌湖相通。在华阳闸、杨湾闸两闸未控制之前，江水倒灌入湖。1953 年白荡闸建成，吴家咀堵口以后，白荡湖与陈瑶湖水系分开，湖水从白荡闸出江。1957 年皖河下游改道联圩，武昌湖、青草湖与皖河分开，成为独立水系。1959 年枞阳闸建成，汛期江水不再倒灌入湖。湖口建闸导致了江湖隔绝，阻塞了鱼蟹等水生动物的洄游通道，不仅影响了正常的水文过程，而且还阻断了江湖水生生物的交流，使湖泊生物多样性难以维持，特别是鱼类资源受到很大影响(表 9—1)。

表 9—1　主要湖泊建闸前后鱼产量的对比情况

湖泊	建闸前		建闸后		建闸后占建闸前的百分比/%
	代表年份	鱼产量/t	代表年份	鱼产量/t	
黄大湖	1952—1955 年	3 850	1956—1958 年	2 000	57.14
泊　湖	1955 年	3 500	1958—1964 年	530	15.14
武昌湖	1960 年	2 090	1961—1970 年	100	47.85
菜子湖	1955—1958 年	3 000	1960—1970 年	1 500	50.00
白荡湖	1953 年	1 000	1979 年	100	10.00
陈瑶湖	1953 年	500	1977—1983 年	150	30.00
小　计	1951—1960 年	13 940	1956—1983 年	5 480	39.30

注：数据来源于卢松等(2004 年)。

(二)湖泊围垦

围垦是湖泊湿地面积急剧减少的主要原因。安庆沿江湖泊属浅水型湖泊，具有湖岸平坦、滩涂沼泽多的特点，易于围垦。根据有关的市(县)志记载，在安庆沿江湖区围湖垦殖的历史由来已久，但大规模的围垦始于 20 世纪 50 年代，到 20 世纪 80 年代规模逐渐减小，并有部分围垦地退田还湖，湖泊面积暂时有所恢复，但湿地系统发生了很大变化，很容易沼泽化并导致水域消失。围垦的主要目的是为了种植作物，如华阳河围垦区大面积种植棉花等作物。此外，围垦也是为了消灭钉螺的生存条件。据统计，五大湖区的耕地面积达 72 630 hm^2，其中 66.67 hm^2 以上的圩共有 177 个（表 9－2）。

表 9－2　五大湖区围湖围垦面积

湖泊	围垦情况		
	20 世纪 50 年代后围垦面积	66.67～333.33 hm^2 的圩数	＞333.33 hm^2 的圩数
华阳河湖区	254	38	10
武昌湖区	186	38	8
菜子湖区	73.6	15	17
白荡湖区	64.4	30	5
陈瑶湖区	148.3	14	2

江堤河闸的修建促进了沿湖滩地的开垦。大规模的围垦使湿地面积骤减，导致周边子湖的相继消失，主湖水面也严重萎缩，同时水域生境异质性下降，加速了湿地的退化。目前沿江的一些小湖泊已经不复存在，湖泊湿地蓄水的能力减弱。另外，湖泊围垦的区域往往是湖水消落区，有机质丰富，生境异质性高，水生动植物丰富，不仅是鱼类重要的栖息和繁殖场所，也是水鸟的栖息地，特别是越冬水鸟类的栖息地。因此，围垦活动对湖泊的生物多样性维持构成严重威胁。

（三）渔业养殖

安庆沿江湿地是安徽省重点渔业产区之一。20 世纪 50 年代初，沿江湖泊的养殖模式基本上是自然增殖、人工捕捞。20 世纪 70 年代以来渐渐转向以养为主、养捕结合。从 1985 年起，陆续引进和推广湖泊的围网养鱼和拦网养鱼技术。目前大部分湖泊除了船只通行的航道外，湖面几乎完全被网围设施所覆盖。20 世纪 90 年代前后，受中华绒螯蟹等特种水产网围养殖的高额利润驱动，大量外来投资商和养殖大户对湖泊实施掠夺式开发。在菜子湖，绒螯蟹养殖始于 1987 年，至 1991 年桐城市属水面绒螯蟹放养面积已达 4 000 hm^2，1999 年上升到 4 800 hm^2，2000 年达到 6 667 hm^2，年成蟹产量达 220 t。以蟹为主、鱼蟹混养的现代渔业模式成为当前湖区养殖的主流。

湖泊大水面分割承包后，渔业养殖公司在养殖区内人工清除“杂草”，设置围网。在围网过程中，甚至构筑低坝。为了高效养殖，投放单一养殖品种，增加养殖密度，因而导致“放牧”强度过大，湿地植被遭到严重破坏，湿地生态系统不断退化。在各湖泊的养殖区内，由于长期养殖草食性鱼和中华绒螯蟹，苦草、菹藻、轮叶黑藻和马来眼子菜等水草已呈现“过度放牧”之局面，植被覆盖率锐减。另一方面，鱼蟹不食的野菱则猛长，形成大面积的野菱群落覆盖湖面，影响阳光透入，更抑制湖底水草的生长。秋后，野菱死亡腐烂，水体透明度降低，导致水质恶化。

湖区居民为了眼前经济利益，打捞水草和底栖动物出售给蟹养殖户，使得湖区底栖生物多样性极大地降低。由于分片围网养殖，湖面上竹竿林立，网片层层，构成越冬水禽的栖息障碍。由于养蟹需在冬季筑堤蓄水，改变湿地地形地貌，导致湿地水文和湖底土壤生物的氧化还原过程受到影响，并进而影响到生物多样性。目前黄湖、泊湖、升金湖、菜子湖等湖泊的水草资源遭到严重破坏，一些湖泊的沉水植物几乎完全消失，出现了由草型湖泊变成藻型湖泊的明显特征。

近年来，由于部分水域长期围网养殖，甚至在鱼类洄游通道拦网，造成鱼类洄游受阻，洄游鱼类资源几近枯竭。这些人为干扰使水生生物，特别是鱼类、水鸟的栖息地大量丧失，造成湖泊生物繁殖力和后代的存活力急剧下降，生物资源得不到及时补充，湖泊自然水生资源日渐枯竭。

附例1 菜子湖渔业模式的演变过程

和长江中游诸多通江湖泊一样，菜子湖也经历了由原始的天然捕捞渔业到现代以养殖为主的渔业方式的历史变革过程。

传统捕捞渔业时期：在1958年枞阳闸建成之前，菜子湖区的渔业方式一直以天然捕捞为主。新中国成立后，延续几千年的捕捞渔业得到较快发展，渔猎方式得以快速革新，机械动力捕鱼提高了捕捞效率，促进了渔业产量的提高。1958年该湖天然捕捞达到了历史鼎盛时期。捕捞方式的革新和捕捞效率的提高导致天然鱼类资源遭受的捕捞压力越来越大。

养殖渔业的兴起与发展：1952年，安徽省水产养殖总厂（后改名为国营桐城县水产养殖场）成立，菜子湖4 267 hm^2 水面得到开发。自此揭开了菜子湖养殖渔业的序幕。枞阳闸建成后，湖区（半）洄游性鱼类丰度锐减，整个湖区渔业总产量也因此持续下滑。"文革"期间渔业疏于管理，偷鱼、炸鱼等非法捕鱼泛滥，无序的滥捕加重了湖区鱼类资源的破坏，也损伤了专业渔民的生产积极性。20世纪70年代末，菜子湖渔业捕捞年产量仅相当于1958年的20%，且鱼获物小型化、低值化。主要经济鱼类，如青、草、鲢、鳙、鲤、鲫、鳊，在总产量中的比例由50年代的60%下降到20%以下，小杂鱼和小虾成为优势种群。渔业资源的退化、渔业产值的衰退促进了养殖渔业和养殖技术的发展。1972年，桐城县水产养殖场鲢鳙鱼的人工繁殖成功，使人工增殖放流成为可能。以人繁放流为基础的养殖渔业自此得到有力的技术支撑并得到快速发展。随着人工增殖技术的日益成熟，越来越多的经济鱼类品种仔鱼依靠人繁的途径得以解决。此举在很大程度上恢复了渔业产量，但人繁放流意味着人类对鱼类物种组成、水体生态系统物流和能流过程的掌控力度的增大。而在对自然生态过程缺乏足够了解的前提下，人繁放流的负面生态影响难以估测。

人繁天养模式日渐形成：20世纪70年代的鲢鳙鱼人繁主要用于补充江湖阻隔所致湖区鲢鳙群体的不足。随着人工繁殖力度的增大，鲢鳙放流逐步转变为以提高渔业产量为直接目的的经济行为。这种行为的目的性和影响力随着越来越多的水产品种的人繁成功而日益彰显出来。20世纪90年代中期前，菜子湖人繁鱼苗的放养基本上是大湖放流的人繁天养模式。1995年，嬉子湖试行围栏养殖、人工放流模式，放流水域主要是嬉子湖的国营渔场和木嘴渔场。后逐步拓展到嬉子湖全部水面。2002年开始，东湖区桐城市所属水域的围栏养殖逐步兴起。2005年，枞阳县所属水域逐步围养。截至2008年，菜子湖围栏养殖业已覆盖全部敞水水面，水面围网养殖率达90%以上。

绒螯蟹养殖渐成主体：从鲢鳙鱼放流到"四大家鱼"放流，进而过渡到多品种经济鱼类的混合放养，菜子湖区逐步形成了以鲢、鳙、草、青、鳊、黄颡、鳜、乌鳢和鳡等近10个品种混合放养的渔业养殖模式。与此同时，绒螯蟹放流在湖区也得到了有效的推广。本湖区绒螯蟹养殖始于1987年，至1991年桐城市属水面绒螯蟹放养面积已达4 000 hm^2，1999年上升到4 800 hm^2，2000年达到6 667 hm^2，是年成蟹产量达220 t。以蟹为主、鱼蟹混养的现代渔业模式成为当前湖区养殖的主流。

附例 2　安庆沿江湖泊渔业模式对水鸟的影响

安庆沿江湖泊以渔业经营方式划分大致分为全湖养鱼经营性湖泊、不养鱼非经营性湖泊、退田还湖湖泊、分片围网养鱼经营性湖泊 4 种类型。

全湖养鱼经营性湖泊：如武昌湖上湖、白荡湖和黄湖等湖泊。这类湖泊面积较小，又位于同一行政管理区内，故均成立了渔业公司进行统一经营管理。由于养鱼的需要，这类湖泊的水位落差小，湖边缺少滩地和水生植物群，生境单调。另外长期养殖鱼、蟹，放养量和放养种类搭配又不合理，造成湖中水草减少甚至绝迹，湖泊自净能力下降，水质变坏混浊，影响了水生生物的生长繁衍，所以这类湖泊中缺少植食性水禽，非捕捞季节湖面非常平静，人为活动少，这给雁鸭类白天暂时停歇创造了条件，所以白天在湖面上见到不少雁鸭群在此休息。在湖泊的河流入湖口，因河流带来的泥沙形成一些滩地，在这里可见到少量涉禽和雁鸭类。

不养鱼非经营性湖泊：如菜子湖面积较大，又地跨不同的行政管理区域，故没有建立渔业开发公司统一经营。湖泊呈自然状态，每年春夏涨水，秋冬退水，湖边出现大片滩地，挺水植物和沉水植物丰富，生境多样，生物多样性指数高，生物量大，是越冬水禽的最佳栖息地。在沼泽浅滩处有大量涉禽和雁鸭类栖息，在深水处有䴙䴘、秋沙鸭和鸥类，水禽种类多，数量大。

退田还湖型湖泊：安庆沿江自然保护区内有不少退田还湖的圩区，耕地已经荒芜，杂草丛生，低洼处积水成了大小不一的湖，大的千亩，小的几百亩，现大部分给农民承包成了养鱼塘，每年冬季放水捕鱼，这里就成了越冬水禽的良好栖息地，可见到不少雁鸭类、鹭类和鹬类等水禽。这些荒地鱼塘弥补了大湖的单调生境，使一些喜栖于湖滩沼泽的水禽在此找到适宜的栖息地。

分片围网养鱼经营性湖泊：如泊湖、龙感湖等湖泊，这类湖泊面积大，位于不同的行政管理区，无法成立统一的渔业公司，所以形成分片围网养鱼养蟹的经营方式。在养殖区内，由于长期养鱼养蟹，湖底鱼蟹喜食的苦草、菹藻、轮叶黑藻和马来眼子菜等水草数量锐减，已成“过度放牧”之局面，鱼蟹不食的野菱则猛长，形成大面积的野菱群落覆盖湖面，影响阳光透入，更抑制湖底水草的生长，秋后野菱死亡腐烂，污染水质恶化了环境，降低了湖泊生物的多样性和生物量。另外由于分片围网养殖，湖面上竹竿林立，网片层层，形成越冬水禽的栖息障碍，所以这类湖泊水面上的游禽很少，仅可见到一些鸥类和小䴙䴘。但这种经营方式无法控制湖泊水位，秋冬季湖水下降仍有一些滩地露出，另外湖周的低洼地也多，形成多种生境，成了水禽的重要栖息地，草滩上有雁类、麦鸡，低洼沼泽地中有野鸭、鹳类、鹬类和鹭类。

（四）泥沙淤积和湖泊沼泽化

流域水土流失是造成集水区泥沙淤积和湖泊沼泽化的重要原因之一。安庆沿江湖泊所在的区域，流域水系源于大别山区，水源涵养区的森林滥伐和毁林开荒导致生态环境急剧恶化，水土流失严重，直接导致湖泊的淤积和湖床的抬高。主要河流的中上游，如大沙河、皖河和潜水上游山区是全省山区水土流失的最严重地区。据《安庆地区志》记载，本区中等侵蚀以上的面积达 61.9×10^4 hm^2，占中低山面积的 70%，为 20 世纪 50 年代 32.6×10^4 hm^2 的 1.89 倍。20 世纪 80 年代末，潜水、皖河的河床和泊湖、武昌湖的湖底等比新中国成立初期均抬高 1 m 以上。另外，长江上游水土大量流失，造成中下游河道泥沙淤积严重，导致河床不断抬高，对下游各支流河道的水体产生顶托作用，引起水流速度减慢。行洪时，洪水夹杂泥沙和生活废物倒灌进入湖泊，产生淤积，从而加剧了湖泊水体面积萎缩和沼泽化进程。

水生植物大量生长可以加速湖泊淤积。近年来，由于渔业生产的快速发展，特别是草食性鱼类和蟹类的大量投放，使湖泊植物群落发生了改变。苦草等沉水植物骤减，取而代之的是浮叶植物（野菱、芡等）和挺水植物（菰等）群落。由于挺水植物和浮叶植物的残留量远远大于沉水植物，使湖泊的沼泽化加速，加快了湖泊的淤积进程。在武昌湖、泊湖等湖泊有大面积的菰群落，在菜子湖有较大面积的野菱群落，在陈瑶湖浮水植物芡实群落的面积占了该湖总面积的95%以上。挺水植物和浮叶植物对光线的遮蔽作用，严重制约着沉水植物的生长，影响水生生物的群落结构。

（五）水体污染

安庆沿江湖区农作物以水稻、油菜、棉花为主。农药和化肥随地表径流入湖区，污染了水体。1999年，安庆市化肥和农药的施用量分别达14.2×10^4 t和3.0×10^3 t，沿江湖区施用量分别约为8×10^4 t和1.8×10^3 t。农民依赖化肥而忽视农家肥，造成土壤耕层浅薄、板结，土地质量退化，进而导致化肥肥效降低。因此，在农业生产成本升高的同时，还污染了水体，致使湖泊富营养化加速。此外，渔业作业的机动船只、沿湖池塘养鱼的肥水、城镇和农村生活污水（如含磷洗衣粉）和固体废弃物等通过地表径流入湖泊污染水体，加之湖体的圈圩导致水体连通性和流动性变差，造成水体富营养化加重。近年来湖区周围的圩区开始进行肥水养鱼，将大量的鸭粪草（鸭棚中与鸭粪相混的草）投入水域，更有甚者向水体投放化肥，用于培养浮游生物，从而造成了水体营养盐的增加。

（六）杂草侵入和外来物种入侵

藨草等湿生植物在枯水季节侵入湖滩的现象在安庆沿江湖泊中较为常见。例如在菜子湖的白兔湖东侧双星村至先让村一带，藨草目前占据了湖面大部分滩涂，并有迅速向先让村湖面扩展的趋势。在枯水期，藨草生长的位置，没有沉水植被发育；在丰水期湖水上涨，造成大量藨草死亡腐烂，造成水质恶化。由于藨草适应能力强，繁殖快，在很多地方被视为入侵物种，藨草在菜子湖的蔓延对湖泊水生植被来说是一个潜在的威胁。

外来物种近年入侵加快，入侵的植物主要有意大利杨和引进的经济树种，本地树种大量减少。由于养殖业发展的需要，伊乐藻作为鱼类的饵料也开始引进，对湿地原生植物影响很大。历史上引进的水花生、水葫芦仍有分布，这些植物生长繁殖很快，影响其他植物的正常生长繁衍。入侵的动物主要有克氏螯虾，这种外来动物不仅以其他鱼类为食，破坏渔业资源，而且损坏道路和堤坝，危害很大。

（七）公路修建和旅游设施

随着交通快速发展，道路修建对湖泊构成威胁。在武昌湖的上、下湖之间修建的332省道，在白荡湖上修建的320省道，一些拟建的高速公路如望（江）东（至）公路将从湖边通过，对湖泊的结构与功能产生影响。此外，在菜子湖的嬉子湖边修建旅游接待设施和游乐设施，侵占湖滩。这些人为扰动使湖泊生态系统的功能受到影响。

（八）滥捕乱猎

湖区周边一些居民资源保护意识不强，酷渔滥捕、乱捕投毒和捕杀水鸟还时有发生。各私营渔场为了提高放养鱼类和绒螯蟹的生长速度和产量，在正式投放苗种之前都要以电捕方式“清野”。“清野”活动正是在涨水前夕的枯水季节，正值多数土著鱼类即将繁殖之际，电击式的“清野”将清除繁殖期的亲鱼，对鱼类增殖产生严重影响。

二、湿地生物多样性保护措施

（一）改变经营方式，发展可持续渔业

安庆沿江湖泊的渔业模式主要是“以蟹为主、鱼蟹混养”和“混合养鱼”的形式。绒螯蟹对水草、底栖生物甚至鱼卵、仔鱼等都构成直接的威胁和破坏。即便在无蟹水域，不合理鱼类品种的搭配、过度放养等也同样会导致水草等渔业资源的破坏和鱼类生境的退化。筑坝拦网本身对鱼类个体的自由扩散构成了极大的障碍，阻碍了亲鱼游往产卵场。必须采取积极有效的途径，规范湖泊水面开发利用模式，迅速遏制湿地退化的势头；尽快阻止掠夺式的养殖方式，控制草鱼、蟹等草食性养殖种类和放养密度，合理搭配养殖种类，减轻对水生植被的放牧压力；研究湖泊资源演变规律，通过开展理论放养量的科学实验，制定科学的养殖模式；减少围网和拦网面积，严格控制围网区肥水养鱼，杜绝电捕鱼“清野”。

（二）开展资源恢复，维持湖泊生态系统健康

采取人工促进和自然恢复相结合的途径恢复水生植被，如轮放、休养促进水生植被恢复；补种水生植被，人工促进植被恢复。取缔通江河道拦网，确保鱼道畅通，合理调度涵闸，适时灌江纳苗，补充湖区鱼类资源。在划定鱼类产卵场保护区，禁止冬春季节（2—8月份）渔猎。去除湖内的拦水坝，恢复正常的水文过程，扩大退田还湖面积，维护湖泊结构和功能的完整性。通过这些途径使湖泊渔业资源，特别是苦草、聚藻、菹藻、轮叶黑藻和马来眼子菜等优良水生植物得以维持和增长，使重要经济鱼类资源、重要生物物种和水生植物群落以及关键生态过程得到有效保护，维持湖泊丰富的生物多样性和健康稳定的湿地生态系统，从而使湖泊渔业资源可持续利用。

（三）发展替代产业，全方位减轻湖泊压力

安庆沿江湿地人口密集，随着经济快速发展，湖泊压力大，面临严重退化趋势。就菜子湖来说，其周边涉及安庆市境内的枞阳县、桐城县及宜秀区等3县（区），共10个乡镇，总面积75 666 hm^2，总人口34.84万，平均人口密度为46 100人·hm^{-2}。嬉子湖镇、罗岭镇、雨坛乡、杨湾乡4个乡镇所管辖的水域，沉水植物面积大，是商业性渔业主要分布区，目前对湖泊开发的势头迅猛，湖泊压力日益增加。寻求替代产业，对于减轻湖泊压力意义重大。可积极拓宽劳务输出的渠道，开展堤垸水产开发、湿地旅游开发等，减轻当地居民对湖泊的压力，这是保护湿地生物多样性的积极途径。

（四）建立有效的管理体制，加强湖泊科学管理

一些湖泊水面发包权（所有权）属于沿湖各村委会，经营权属于渔场主，管理权则

属于湖管会(桐城市属水面)。在这种“权、责、利”混乱的经营管理体制下,湖管会不能发挥其应有的作用;收取“渔业资源增值费”的各村委会也没有渔业管理的职能,缺乏“可持续”发展的基本保障;各渔场和承包经营者只考虑自身的经济利益,无视资源破坏和环境负荷。在这种短视的经营理念指导下,以资源损耗为基础的“掠夺式”开发方式成为威胁湖区鱼类多样性保护和资源可持续利用的主要影响因素。现行的3～5年的短期承包方式助长了资源“掠夺式”养殖方式的形成。

正确处理好局部利益和整体利益、当前利益和长远利益的关系,建立跨县的管理体制。对于一些跨行政区域的湖泊,如菜子湖,可以吸取国内外湿地流域管理的成功经验,建议建立一个由安庆市政府直接领导的独立行政单元——“菜子湖管理局”,将宜秀区、桐城市、枞阳县3个行政区范围内的菜子湖周边乡或村划出,建立一个独立的行政单元,对菜子湖进行行政管理;也可建立“菜子湖渔业管理委员会”,由安庆市水产局协调宜秀区、桐城市和枞阳县水产局,进行菜子湖渔业管理。同时成立“菜子湖渔业合作社”,将乡或村养殖户联合起来,在政府指导下开展养殖。

要正确认识生态系统的结构功能特点,合理进行湖泊管理。自然湖泊不同于人工鱼塘,必须维持一定的天然水体面积,以利于自然资源增殖。要对湖泊的水面利用进行合理规划,将围网养殖面积控制在一定的范围内,有计划地收回水面管理权,逐步取缔湖面围网渔业。此外,还要维持正常的水文和生态过程。

第十章　湿地生物多样性保护战略

一、湿地生物多样性保护目标

(一)总体目标

通过退田还湖,发展生态渔业、生态旅游等,采取流域生态环境治理等措施,修复受损湿地,扩大湿地的面积,扼制环境污染,维持安庆沿江湿地结构的完整性、功能的稳定性和丰富的生物多样性,可持续地利用湿地生物多样性,实现生物多样性保护和社会经济的协调发展。

(二)分阶段目标

1.近期目标(至2015年)

(1)建立较为完备的保护体系和管理机制,加强地方湿地立法;

(2)实施生态渔业工程;

(3)实施以湿地生物多样性保护为重点的生态恢复示范工程,使主要湖泊湿地生物多样性得到有效保护,湿地质量下降的状况得到初步遏制。

2.中长期目标(至2020年)

发展生态农业和有利于湿地保护的其他替代产业,促进湿地资源的可持续利用,促进区域经济和生态保护的协调发展,使主要湖泊湿地生态系统恢复到20世纪80年代末水平,水生植被得到恢复,水生植被覆盖率达到70%以上,湿地生物多样性得到有效保护,湿地生态系统得到有效保护,湿地功能得到较好发挥。

二、湿地生物多样性保护的主要途径

(一)湿地保护

1.维持和恢复安庆沿江湿地的功能及其所依赖的关键生态过程。

2.生物多样性保护,具体包括:

(1)保护安庆沿江湿地独特的自然群落;

(2)维持孕育湿地生物多样性的生态和进化过程;

(3)保护安庆沿江湿地的受胁物种、本土物种以及重要经济物种;

(4)控制外来入侵性物种。

3.加强大别山区等水源涵养区的水土保持。

4.进行农村面源污染的控制和入湖污染物的拦截。

5.建立必要的保护体系,加强科学研究、生物多样性监测和管理,通过包括社区共管、国际合作、环境教育等途径提升湿地生物多样性保护能力。

(二)湿地恢复

1.退田还湖,扩大湿地面积。

2.疏浚河道,恢复江河湖泊的水文过程,维持正常的水文动态。

3.拆除围网、去除围坝,减少对湖泊的人为扰动。

4.开展受损湖泊水生植被恢复,提高湖泊的生产力。

5.开展灌江纳苗,维持湖泊的生物多样性。

(三)湿地利用

1.发展生态渔业,促进社区经济与生态保护的协调发展。

2.充分利用湿地资源,发展生态旅游。

3.开展湿地价值评估,进行湿地保护利用规划,倡导与生物多样性保护相协调的可持续利用。

三、行动计划与优先行动

(一)行动计划

行动1:加强生物多样性保护

1.制定湿地生物资源保护与利用规划

组织专家对安庆沿江湿地生态系统进行全面的环境评估,尤其对湖泊资源与环境状况、社会经济进行全面评价,对安庆沿江湖泊进行功能定位,对湿地资源保护与可持续利用进行科学合理布局,制定湿地保护与利用的中长期发展规划。

2.加强安庆沿江湿地保护区建设

加强已建的安庆沿江湿地自然保护区建设,合理划分保护区功能区,确定保护区界线。加强保护区基础建设,建立并完善保护区局、站、点3级保护网络,设立保护区界碑、标桩和各种宣传牌,并配备必需的设备。重要湖泊湿地加入国际重要湿地,提升安庆沿江湿地自然保护区的管护能力。

3.灌江纳苗与人工放流

根据江湖水文变化,适时灌江纳苗,建立并疏通鱼类洄游通道,逐步恢复洄游性鱼类种群。建立鱼类资源增殖场,根据湿地生境状况,人工放流优质鱼种,恢复鱼类多样性,优化湿地生态系统结构。

4.建立生物多样性保护示范区

在菜子湖、武昌湖、泊湖等大群越冬候鸟聚集区建立生物多样性保护示范区,开展生物多样性保护示范,包括示范区基本建设、科研监测、环境教育、社区共管、扩大鸟类栖息地面积等。区内划出重点保护区域,设立保护站点,限制人为干扰。

5.禁渔、禁猎

制定渔业资源管理办法,划定捕捞和承包养殖区域,确定禁渔期、禁渔区,合理发放捕捞许可证。严禁使用非法渔具和方法捕鱼,如药鱼、炸鱼、电鱼、"迷魂阵"捕鱼等,严禁在鱼类洄游通道捕鱼。与此同时，在保护区内禁止一切捕鸟活动。通过加强巡护执法和专项整治，制止非法捕鱼、捕鸟、投毒活动。

行动 2：实施湿地恢复工程

1. 湿地植被恢复

通过环境评估，调整湖泊养殖模式，对重点养殖区域的水生植被覆盖率设定达标要求，限制放养密度，恢复湿地植被。对沉水植被严重破坏的区域，采取人工促进恢复措施，恢复水生植被。

2. 退田还湖工程

结合华阳河湖群分蓄洪区建设，实施退田还湖工程，扩大华阳河湖群的面积，提高蓄洪、排涝能力。

3. 退化湿地恢复

在一些湖泊严重退化的区域，如武昌湖下湖菰为优势植物；陈瑶湖茭群落占湖泊面积的 95%，盖度达 95%以上；嬉子湖的上湖区野菱为优势植物，严重制约了沉水植物的生长，加速了湖泊的沼泽化进程。通过生物操纵或人工收割控制挺水和浮叶植物种群数量，促进沉水植物生长，减缓湖泊的沼泽化。

4. 控制污染

实施污染物拦截工程，控制外源污染物进入湖泊。结合新农村建设，大力发展沼气等设施，构建切合农村实际的污水处理体系，严禁各种生活污水、垃圾及其他污染物直接排入湖泊。严格限制在湖区内兴建污染性企业。禁止湖区肥水养鱼。严格限制湖区的家禽养殖规模，减轻湖泊的氮磷输入。

行动 3：加强湿地生态环境监测

1. 开展湿地资源调查

安庆沿江湿地进行过初步资源本底调查，但仍有部分内容未进行调查，一些湖泊调查因时间间隔较长，需要重新进行调查。重点调查湿地面积、湖泊的理化性质、水文、植被、物种、种群数量分布、生物量等。对湿地资源进行信息化管理，开发安庆沿江湿地资源数据库和信息管理系统。

2. 建立并实施监测制度

(1)监测的内容和因子

第一，生物多样性监测，重点监测湿地植被、鸟类、鱼类、底栖动物和浮游生物的种类、数量和生物量及其种群结构；第二，生态环境的监测，主要监测水环境状况(依据国家地表水环境标准及因子)、水位变化、气候状况等；第三，生态景观的监测，主要监测地面积(滩地、水域)、社区土地利用、人口密度、交通运输等。

(2)监测的频率

生态监测以每隔 3 年监测 1 次为宜，同时对上述 3 项监测内容可以分开监测，每年监测 1 项，如此循环往复。但是对重点内容必须每年监测，如重点珍稀濒危物种、湿地植被、水环境状况等。

(3)监测方法

第一，建立生态监测定位站；第二，定时监测；第三，社会调查与现场监测、实验室分析相结合，确保监测数据的可靠性；第四，应用遥感和地理信息系统等先进技术进行动态监测。

行动4：开展科学研究

与科研院所和大专院校合作，开展湖泊湿地的科学研究：

1.湿地生态系统的价值评估；

2.湿地生产力和渔业承载量；

3.湿地生态系统恢复技术；

4.农村污染治理和面源污染拦截技术；

5.生态渔业模式和生态渔业工程；

6.白头鹤及其他鹤类种群生态和栖息地恢复；

7.繁殖东方白鹳生态学和种群保护工程；

8.保护区与社区共管的保护模式；

9.社区替代产业和可持续发展模式；

10.产业结构调整和循环经济模式。

行动5：加强能力建设

1.科研监测能力

提高湿地自然保护区管理机构的科研监测能力，配备必需的监测仪器与设备，帮助管理部门掌握科研监测方法。

2.管理人员的教育与培训

加强管理人员政治、业务学习与培训，采取走出去与请进来相结合的方法，分期分批地培训管理人员，对业务骨干送高等院校或科研机构进行业务深造，全面提高生态区管理人员业务素质和工作能力。

3.管理机构建设

进一步加强安庆沿江湿地自然保护区管理机构建设，增加管理机构编制，配备得力的业务人员，增强管理力量。同时加强管理机构硬件建设，提高管理机构信息采集与处理能力。制定各项管理制度，包括巡护监测制度、科研监测制度、学习制度、考评制度等，规范管理机构的活动。

行动6：开展保护和发展综合项目

1.推进社区参与式管理

总结中国一欧盟菜子湖生物多样性保护示范项目的经验，实施湿地保护和发展综合项目。开展参与式管理方法培训，发动基层群众进行参与式讨论，掌握群众的需求与想法。在此基础上，成立共管组织，编制社区发展规划。

2.发展替代产业

选择一至两个湖作为湿地保护和发展综合项目示范区，引进资金、技术帮助社区发展替代产业，提高社区发展能力。主要产业模式有种养业，具体项目有：在不影响湿地功能的前提下，在湿地周边区域发展一定规模的工业原料林基地；扶持农户发展庭院经济、循环经济和其他工副业经营，充分发挥妇女在发展家庭经济中的作用；在库塘和圩区开展集约化养殖、健康渔业和生态养殖，逐步减轻社区对自然湿地的依赖。

3.推进社区发展社会公益事业

在示范区通过发展沼气、植树造林、解决饮用水卫生、建立卫生所等手段，改善社区环境卫生条件，扶持社区发展卫生事业；培训师资力量，改善办学条件，资助贫困家庭子女上学，支持社区教育事业的发展。

4.调整土地利用模式

加强对湖泊周边森林的保护，开展封山育林，减少水土流失；在不影响湿地生境的前提下，对周边水土流失严重的区域，开展退耕还林；加强与基层乡镇政府的联系，结合社区共管，调整湿地周边土地利用结构，推广农林复合栽培。做到既保持水土，又提高经济效益。

行动7:深化环境教育与宣传

1.开展环境教育需求分析

通过调查，掌握湿地社区的环境教育现状，并综合各方面因素，分析环境教育的需求和所要达到的预期目的。在需求分析的基础上，找准环境教育的切入点，设计科学的环境教育方法。

2.环境教育的方式与内容

(1)开展对公众，特别是针对当地社区居民的宣传教育

主要采取经常性的、形式多样的、通俗易懂的宣传教育方法。首先，充分利用世界湿地日、环境日、地球日等时机，开展具有多种内容的宣传教育活动，如举办讲座、咨询或电视广播节目。其次，在社区居民点设立宣传栏、宣传橱窗，宣传湿地与人类的关系、湿地的价值及保护湿地的重要性、湿地保护和合理利用的科学方法、湿地破坏带来的危险与威胁。再次，针对不同时期的工作任务，提出相应的保护目标，发动民众签订保护公约，对遵守公约、积极参与保护区管理的公民给予必要的表彰奖励，并每年评比表彰1次，造就保护自然、保护湿地的良好社会氛围。

(2)加强对少年儿童的宣传教育

组织少年儿童到保护区参观，观看湿地宣教片；组织中小学生夏令营，开展湿地观察、记录，做科学小实验，并开展科技竞赛；组织宣传员到中小学举行图片展览、作讲座和报告。

(3)开展对旅游者的宣传教育

编印宣传册，向参观者和旅游者进行宣传，提高他们的环境意识；在主要交通路口和人员集中区设立宣传牌，进行宣传教育；建立安庆沿江湿地宣教中心，向参观者和旅游者放映宣传片、多媒体展示片，对公众进行湿地保护教育。

行动 8:加强政府管理和理顺管理体制

1. 加强法制建设

通过召开各种形式的座谈会、协调会、研讨会，统一思想认识，正确处理与相关部门的关系，制定《安庆沿江湖泊湿地保护与管理办法》，由安庆市人民政府发布，并通过不断完善后，由安庆市人大颁布实施，保护区管理办法要对保护区的组织机构、管理权限以及管理内容等做出明确规定。

2. 理顺管理体制

湿地管理涉及多部门，必须建立高效运转的管理体制，成立跨行政区的管理委员会，由政府及林业、环保、农业、土地、水利等部门人员组成，主要职能是协调、监督与决策。

第十一章　湿地生物多样性保护与管理实践

一、湿地主流化管理的探索与实践

(一)主流化的概念与内涵

主流化(mainstreaming)一词属于外来语,是指使某一问题成为人们关注的中心并列为工作议程,而不是少数人的兴趣和行动。主流化不是一个严格的科学术语,而是指在现状条件下减少保护与发展不必要冲突的有效策略。

就生物多样性保护而言,其基本内涵是:将生物多样性保护与生物资源可持续利用的目标"内部化"到经济发展部门、发展模式、政策和项目之中。也就是将生物多样性保护纳入农业、林业、渔业、水利、旅游等生产部门和环保等综合部门之中,以确保国家和全球的环境利益。

专栏1　主流化概念的提出

环境问题"主流化"的概念源于联合国1972年发布的《人类环境宣言》,该宣言首次要求各国政府遵循一系列的环境保护原则。1992年,联合国环境与发展大会签署了《生物多样性公约》,该《公约》第6款提出了"主流化"的原则。2002年,《生物多样性公约》缔约方大会明确提出将生物多样性保护纳入各国各部门的工作中,并指出:"在过去10年中,我们所汲取的最重要的教训是,如果不将生物多样性保护充分纳入其他部门的工作中,《生物多样性公约》的目标就无法实现。使生物资源的保护与可持续利用成为各国经济和社会各部门以及决策框架的主流工作,将是一个严峻的挑战。"(COP VI, CBD,2002)2002年,世界可持续发展峰会的各国领导人一致认为,必须以新的视角来重新审视生物多样性的持续丧失。同年,作为《生物多样性公约》资金机制的GEF在第3个资助期内把生物多样性主流化活动确定为生物多样性领域的战略目标。为此,GEF在2004年召开了国际研讨会,专门探讨将生物多样性保护纳入生产部门与行业的主流化问题。在这个背景下,UNDP/GEF中国湿地生物多样性保护与可持续利用项目在中期评估后将项目的目标调整为湿地生物多样性的主流化。

就湿地保护而言,其主流化就是改变公众和机构对湿地功能与效益的认识,使他们从现在开始并长期支持湿地保护与可持续利用。长期以来,供水、灌溉、电力、渔业、交通、旅游等产业的发展更多的是关注湿地某种效益的最大化,而且与基本农田、森林等生态系统相比,湿地保护工作相对比较薄弱,因此,更需要将湿地保护纳入有关部门的政策、规划和项目之中,实现湿地保护的主流化。

湿地保护主流化主要是借鉴生物多样性主流化的做法,主要手段包括:政策支持、机构建设、立法框架、规划与计划、能力建设、科技支撑、公众参与、宣传教育等。在全球层面、国家层面、地区层面和重要湿地层面，这些主流化的手段或重点有明显差异。

（二）湿地主流化管理的措施与经验（ECEP 安庆项目经验）

推进湿地主流化管理是国内外倡导的生物多样性管理的策略之一，从 2007 年开始通过实施中国一欧盟生物多样性示范项目（ECBP）、长江中下游湿地保护网络项目，结合当地湿地管理现状，从政策制度、公众意识、能力建设、社区示范等方面逐步探索和推进湿地主流化管理。

中国一欧盟生物多样性项目是由中国商务部、环保部和联合国开发计划署共同缔结的生物多样性项目，其宗旨是加强中央层面和地方层面的生物多样性保护。该项目由欧盟出资 3 000 万欧元，支持中央和地方开展生物多样性保护示范，其中用于地方示范项目的资金 2 100 万欧元，项目支持机构为联合国开发计划署。安庆市人民政府于 2006 年向联合国开发计划署申请"安庆湿地生物多样性保护"项目，在合作伙伴国家林业局规划院和湿地国际的支持下，项目于 2007 年 5 月获得联合国开发计划署批准，项目期限自 2007 年 7 月至 2010 年 7 月，项目总投入 2 313 783 美元，其中欧盟赠款 1 152 283美元。

ECBP 安庆示范项目围绕国家提倡的建立资源节约型和环境友好型社会的战略目标，创新管理模式，在市政府层面，建立相关部门协调管理的良好机制和目标考核制度，提高政府及相关部门湿地综合管理能力；在县级层面，建立项目示范区，探索湿地保护与社区经济平衡发展的模式。项目实施以来，在推动安庆市湿地主流化管理、促进湿地资源的保护和可持续利用方面发挥了重大作用。

同时，安庆市人民政府及相关部门还加强与 WWF 的合作，通过承担网络年会、开展湿地先锋项目，发展生态渔业，对推进湿地主流化管理也起到了重要作用。主要相关措施包括如下几方面。

1. 成立跨部门协调组织

由于湿地保护涉及多部门，部门之间难以协调沟通，这是长期以来湿地管理中面临的普遍问题，也是湿地管理亟待解决的问题。

ECBP 安庆市示范项目为解决这一问题提供了契机，市政府与联合国开发计划署签署的项目文件中明确提出要建立跨部门的协调组织，使政府高层得以重视和支持。项目办公室利用项目启动时机，及时向政府汇报，并召开部门领导参加的研讨会，统一了认识，确立了湿地生物多样性管理委员会的组织形式。2007 年 9 月，由安庆市人民政府批准成立了安庆市湿地生物多样性管理委员会（宜政办秘[2007]85 号），委员会由安庆市常务副市长担任主任，成员由林业、渔业、环保、水利、发改委、财政等部门人员组成，委员会办公室设在林业局。

安庆市湿地生物多样性管理委员会成立后，在市级层面加强了相关部门之间的联系与沟通，有利于推进湿地管理重大决策的统一，其协调作用明显。管理委员会召开了有关部门参加的研讨会 4 次，就湿地保护目标考评、湿地保护与利用等重大问题开展研讨，促进了湿地保护管理工作的开展。此外，管理委员会能独立行文，提高了办事效率。

湿地生物多样性管理委员会还在提高政府及其相关部门的湿地综合管理能力方面起到了重要作用。迄今为止，已举办跨部门湿地生物多样性保护培训班 5 次，组织湿地考察活动 3 次，来自湿地保护相关部门、保护区周边群众共计 400 余人接受了培训。

湿地生物多样性管理委员会随着项目的启动而成立，而且项目结束后，管理委员会继续存在，管理委员会办公室继续履行其职能。

2. 湿地保护纳入林业、农业、环保、水利部门目标考评

将湿地生物多样性保护纳入相关部门的目标考核中，在安庆市乃至安徽省尚属首次，而且，由于安庆属欠发达地区，如何使湿地生物多样性保护成为相关部门的重点工作之一，使相关部门达成共识，这是湿地管理面临的巨大挑战，也是推进湿地主流化管理的主要亮点。

政府推动将湿地保护纳入政府及相关部门工作计划是市政府与联合国开发计划署签署的项目合同的重要内容，因此，市政府高度重视，态度明确，要求相关部门充分认识湿地保护纳入相关部门工作计划和目标考评的重要性。

部门研讨。按照市政府的要求，湿地生物多样性管理委员会办公室先后 3 次召开部门研讨会，进一步统一思想，对照相关部门在湿地保护方面的责任，制定湿地目标考评方案。

制定量化考核指标。湿地生物多样性管理委员会办公室在部门研讨的基础上，结合相关部门承担的湿地保护责任，制定了湿地目标考评指标草案，并征求相关部门意见后，修改定稿。

公布考评方案和考评指标。在以上工作基础上，湿地生物多样性管理委员会发布了湿地保护目标考评方案和考评指标。

组织考评。考评工作按照考评方案确定的方法进行。首先，相关部门自评，撰写自评报告，提供可供核查的图片、文档材料；其次，湿地生物多样性管理委员会办公室组织核查；再次，湿地生物多样性管理委员会召开研讨会，相关部门负责人汇报湿地保护目标完成情况，全体成员进行民主测评打分，现场公布考评结果；最后，湿地生物多样性管理委员会将测评结果上报政府，由市政府将湿地考评分值折合相关部门的分值后纳入相关部门年度考核总分。

表彰奖励。对湿地保护取得突出成绩的个人，由湿地生物多样性管理委员会予以表彰奖励，先进单位由市政府按政府确定的相关部门目标考评办法给予奖励。2008、2009 年均顺利实施了湿地保护目标考评，从 2008 年开始，安庆市政府年度计划和年度工作报告中均包含湿地生物多样性保护内容，湿地的保护已真正纳入安庆市政府的日常工作中。

3. 制定《安庆市湿地资源保护管理办法》

迄今为止，我国尚未出台湿地保护管理的法律法规，湿地管理仍存在着许多政策空缺，而湿地管理责任则分散在相关部门的行业法规之中，而推进湿地主流化管理必须有法律法规为基础，市级层面先行制定湿地管理办法，发挥示范效应，在现阶段不失为一种推进湿地管理的重大举措。

为制定该管理办法，首先，安庆市湿地生物多样性管理委员会向市政府法制办上报了制定规范性文件计划，并得到批准；其次，草拟管理办法，综合分析现有的部门法律法规，并通过部门研讨，找出具有法律依据的有关规定，结合当地实际，制定了《安庆市湿地生物多样性资源管理办法》草案，在广泛征求意见的基础上，修改完善。

《安庆市湿地生物多样性资源管理办法》旨在对安庆湿地实行分区管理，有针对性地找出解决湿地管理中存在的突出问题的依据。

该管理办法中有关行政管理规定的部分，提出了一系列由安庆市政府采纳的措施，可以对湿地管理的实施成效进行直接评估。这一办法的制定，建立了安庆地方湿地管理制度，使安庆湿地资源保护与管理有章可依，将规范安庆湿地生物多样性管理，这必然对安庆地区湿地生物多样性保护产生十分明显的效果。同时，该管理办法为《安庆市湿地生物多样性资源可持续利用行动计划》的制定和实施提供了法律依据，也为拟开展的众多项目活动提供了法律依据。

该管理办法由市政府发布，具有长期性，并随着国家法规的出台将得到逐步完善。

4. 提高湿地管理能力

提高湿地管理能力，是综合管理湿地生态系统、推进湿地主流化管理的一项基础工作。在以往的湿地管理中，林业主管部门对本行业开展了大量培训工作，而与湿地相关的农业(渔业)、环保、水利等部门对湿地管理的基本原理和方法仍很陌生，缺乏基本的知识和技能。为此，提高相关部门综合湿地管理技能的培训是十分必要的。ECBP 安庆示范项目培训层次广，包括相关部门培训、渔民培训、中小学生培训等方面。

部门培训：首先开展问卷调查，分析相关部门在湿地管理方面存在的知识空缺，使培训具有针对性。其次，编写培训教材。在空缺分析的基础上，编写了安庆湿地管理培训教材，最后组织培训。安庆市湿地生物多样性管理委员会组织相关部门从事湿地管理工作的人员近 100 人参加了培训，并聘请中国科学院南京地理与湖泊研究所、安徽大学的专家及湿地国际专家授课。

渔民培训：组织湖区周边渔民近 200 人参加生态渔业培训，并聘请安庆市水产技术推广站专家授课。

中小学生培训：保护区组织中小学生开展野外湿地考察培训 2 次，培养学生认识湿地、关爱湿地的情操。

WWF 先后在长江中下游组织开展培训多次，其中在安庆市举办了水鸟调查监测技术培训、生态摄影培训，对林业部门湿地及水鸟保护管理能力的提高起到了重要作用。

5. 公众意识提高

提高公众湿地保护意识是推进湿地主流化管理的重要前提，保护区在 ECBP 项目、WWF项目的支持下，在公众意识提高方面收到了明显成效。

在市级层面，ECBP项目召开政府及领导参加的研讨会10次，包括影响较大的项目启动大会；编发宣传材料手册、简报等1 000余份；制作湿地宣教片1部并在安庆电视台播放；结合世界湿地日及项目的进展，在地方报刊专版宣传2次。WWF结合长江中下游湿地保护网络工作，先后在安庆市开展了湿地先锋项目，主办了2009年网络年会，规模大，影响广。ECBP项目、WWF项目对提高公众，尤其是各级领导的湿地保护意识发挥了十分重要的作用。

在县级层面，结合项目实施，将宣教工作延伸到基层社区，成立安徽“绿满江淮”环保志愿者组织，开展了为期1周的针对菜子湖周边公众的环境教育活动，还组织人员开展参与式乡村评估，通过走村入户开展访谈、发放宣传材料等形式向湖区周边公众宣传湿地保护的科普知识，并结合湿地与人类的关系的知识向公众宣传湿地保护的重要性。此外，还先后5次召开村民委员会成员、部分村民参加的研讨会。

6. 发展湿地生态旅游

湿地生态旅游包括湿地观鸟、观光、休闲等，具有广阔的发展前景，目前在国内外发展态势良好。安庆旅游资源丰富，尤其在人文景观、森林旅游方面发展较快，但湿地生态旅游空缺，这与“湿地大市”不相称。

湿地生态旅游是促进湿地保护与社区发展相协调的重要途径之一，ECBP项目选择“宜秀区菜子湖湿地生态旅游”为示范，主要考虑了以下几种因素：

选址。该区域位于安庆城郊，距离市中心约30 km，具有明显的地理优势。

资源。该区域是黄梅戏表演艺术家严凤英的故乡，境内有国家“AAAA”景区——巨石山游旅度假区，具有人文资源优势。同时，宜秀区将“龙山凤水”开发作为全区发展战略，利用当地的旅游资源与开展湿地生态旅游相结合，前景广阔。该示范的最大特色是体现了发展社区经济、湿地保护和地方传统文化相结合。因此，项目选择该区域为示范，既有明显的地理、区位和资源优势，又符合地方发展战略。

政府及公众意愿。项目示范得到了宜秀区政府及社区群众的大力支持，宜秀区罗岭镇姥山村发起成立了“菜子湖湿地生态旅游协会”，宜秀区政府召开由区直相关部门负责人参加的专题会议，研讨湿地生态旅游的方法和问题，全区统一了思想，上下配合，积极建立湿地生态旅游区。

ECBP项目支持宜秀区建立国家湿地公园规划和设计，通过国家湿地公园建设，发展湿地生态旅游，既带动周边社区经济发展，同时也是在探索解决湿地保护与开发利用的冲突，协调湿地保护与社区经济发展的平衡。

（三）湿地主流化管理存在的问题

1. 湿地保护目标考评方案有待完善

湿地保护目标考评在安徽省尚属首次，在全国也鲜见，考评可供借鉴的经验少，目前尚处于起步阶段，考评方案和考核指标有待进一步完善。同时，目前的考评仅局限于林业、农业、环保、水利4个部门，考评范围有待扩大。

2. 湿地生物多样性管理委员会作用有待进一步发挥

湿地生物多样性管理委员会作为市级层面的协调组织，要真正发挥协调相关部门的作用，还有大量的工作要做，尤其在推进湿地保护与开发利用统一决策方面要进一步发挥作用。

3. 缺少统一的保护与利用规划

随着经济的发展、国家生态建设的发展，目前，在市级层面缺少一部与宏观规划、相关部门规划相协调的全面统一的湿地保护管理规划，这不利于保护与开发利用决策的统一。

4. 管理力量有待加强

安庆沿江湿地面积大，现有专兼职管理人员仅18人，而且专业人员偏少，保护管理力量有待进一步加强，目前的管理体制还不能适应新形势发展的需要。

二、生态渔业模式的探索与创新

（一）湖泊生态渔业的发展历程

安庆市湖泊渔业经历了“以天然捕捞为主—资源增殖保护—合理开发与利用，开展湖泊生态渔业”的发展历程。20世纪50年代，安庆沿江湖泊群相继筑堤建闸，造成江湖阻隔，江湖洄游性鱼类洄游通道受阻。建闸后，湖区水位得到人工调控，为围湖造田创造了条件。到20世纪60年代初，湖区已被围垦掉140 000 hm^2，使湖区面积较建闸前缩小一半以上，许多湖泊和大量湿地被围垦而消失。如，望江县金盆湖和银盆湖已成桑田；泊湖湖区原有面积42 000 hm^2，现仅为23 300 hm^2；武昌湖湖区原有面积30 090 hm^2，现仅为10 050 hm^2。通江湖泊筑堤建闸，大量围湖造田，对江湖复合生态系统所造成的危害和影响是长期而深远的。

到20世纪90年代，随着市场经济的快速发展，安庆市上下掀起了水产开发的热潮，“要想富，走水路”成为全市共识。特别是1994年，随着11 333 hm^2的黄湖和跨界水面龙感湖的成功开发，探索出了以河蟹为主导产品的湖泊鱼蟹混养模式，极大地推动了湖泊渔业的发展，促进了渔业增效和渔（农）民增收。随后的10多年间，受利益驱动，重开发轻保护、只开发不保护的行为在湖区养殖中普遍存在。与资源承载量不相适应的高投放量、不科学的养殖方式、单一的养殖结构在各地产生并漫延，加上多年养殖负面效应的叠加，导致湖泊水域生态环境恶化，水生生物资源逐年衰退。主要表现在：鱼类品种减少至40多种，许多湖泊定居性鱼类产卵场遭到破坏，已不能形成捕捞群体（如银鱼、湖鲚）。特别是1998、1999年两年湖区高水位的影响，水草资源遭受灭顶之灾，许多沉水性植物在敞水区消失，生物量严重减少，而浮水性野菱和挺水性蒿禾在敞水区和沿岸带大量蔓延，加快了湖区沼泽化进程，对水环境和养殖业造成了一定程度的危害。底栖生物数量减少，资源量大幅度下降，开展人工放养，投饵施肥，加快了湖泊富营养化的进程。湖泊水域环境保护、水生生物资源修复保护与生物资源的开发利用的矛盾已凸显。养殖效益严重滑坡，迫使养殖企业和养殖经营者开始冷静下来，反思历史教训，总结成功经验，廓清发展思路，转变养殖理念。自2000年以来，枞阳白荡湖、宜秀区石塘湖、破罡湖、望江武昌湖、宿松泊湖的渔业公司，率先开展了湖泊生物资源修复、发展生态渔业的实践与理论研究工作，通过多年的试验，探索总结出以“大湖面、原生态、稀放养、巧育肥、保安全”为特色的安庆湖泊生态渔业模式，并取得了显著的成效。

2008年，安庆市与世界自然基金会合作，承担“安庆市长江及沿江湖群水生生物保护与可持续利用示范区项目”的实施工作，在总结实践经验，进一步探索安庆湖泊生态渔业养殖和管理模式过程中，做了一些有益的工作。现已在14个通江大中型湖泊的40多家养殖企业开展了湖泊生态渔业的实践与推广工作，总面积已达66 667 hm^2。

（二）湖泊生态渔业的主要内容

1. 开展湖泊生态修复——种草殖螺

每年从3月中旬开始，人工种植或移植伊乐藻、苦草、轮叶黑藻、马来眼子菜、聚草等多种沉水性植物，建设“水下森林”，恢复湖区植物资源，修复湖区生态环境。在每年冬季捕捞结束后，就开始收购螺蛳直接投放湖区，既增加底栖生物量，又可起到“养水”的作用。上述工作，年资金投放量1 000多万元。

2. 开展湖泊的2级（或3级）放养

用网围（或网拦）形式将养殖湖泊分割成2个（或3个）区域，冬捕结束后，将鱼种、蟹种投放在1个区域内，人工投喂养殖，以野杂鱼等生物饵料为主，辅之以农副产品。另1个区域（或2个）种草殖螺，修复资源。等到6月份水草盛长期以后，拉开1级围栏区，放鱼蟹进入2、3级区域，实现全湖养殖。这种方式可使水草从萌发一直到生长期得到保护，盛长期后即使鱼蟹食去大部分水草，但仍然可以保证有部分水草资源（包括种子）越冬，待次年萌发，如此循环反复。

3. 实行湖区轮养轮休

用网围（拦）形式将湖泊分割成2个以上区域，1个区域内种草殖螺养鱼，另一个区域内种草殖螺养蟹，隔年轮换1次，以保护和修复湖区环境。

4. “养水”稀放

通过种草殖螺、轮养轮休等手段，以达到“养水”的目的，保持养殖水体环境良好。再结合湖区天然饵料资源的实际，科学合理地确定投放鱼种、蟹种的放养密度（经多年总结，一般亩放蟹种的数量应控制在50只以内为好）。达到既维护水草资源，又可获得一定的养殖效益，达到经济效益、环境友好双赢的目标。

（三）核心示范区的主要做法（以泊湖示范区为例）

1. 连续大范围种草，快速恢复水草资源

水草是草型湖泊的主要特征，是湖泊主要的初级生产者、渔业可持续利用的物质基础，连续大范围种植水草，是快速增加水草资源的主要技术措施。针对泊湖当时水草资源几乎完全消失的客观现状，泊湖全美蟹业有限责任公司选定苦草和轮叶黑藻作为种植品种，根据苦草和轮叶黑藻的生物学特性，选定700 hm^2苦草种植区和600 hm^2

轮叶黑藻种植区。2003 年，种植苦草种子 4 000 kg，2004 年补种 6 000 kg；2004 年，种植轮叶黑藻种子 3 691.5 kg，2005 年补种 30 000 kg。经过连续 3 年在公司经营的水域种植，到 2006 年 10 月份，4 000 hm^2 的经营水域沉水植物覆盖率达 90%以上，平均生物量为 8 228.6 g · m^{-2}，最高生物量达 14 400 g · m^{-2}，最低生物量 2 160 g · m^{-2}。其中，轮叶黑藻在平均生物量中占总生物量的 79.5%。自 2006 年以来，虽然未再继续种植水草，但由于渔业利用科学合理，修复的生物资源得到有效保护，所以，泊湖生物资源修复区的水草资源已达到完全恢复的程度。经 2007 年 8 月 17 日有关水产专家赴现场对 3 个断面 7 个采样点随机测定，泊湖生物修复区的水草平均生物量已达 4 162 g · m^{-2}，覆盖率超过 95%。与 1980 年、1981 年的 6 月和 9 月对水草的调查、测定的平均生物量 3 554 g · m^{-2} 相比，泊湖生物资源修复区的水草资源已恢复并超过了当年草型湖泊水草的资源。

2. 连年大量移殖螺类，增殖底栖动物资源

与种草同步，自 2003 年开始，渔业公司向泊湖生物修复区移殖本地螺类 40 t；2004 年移殖 150 t；2005 年继续移殖 300 t；2006 年再次移殖了 500 t。连续 4 年向泊湖生物修复区共移殖螺类 990 t，每年平均移入螺类 5.5 g · m^{-2}。从监测的数据分析，螺类的移殖也达到了预期的效果。2007 年 8 月 17 日，专家在现场测定，虽然湖底沉积着大量的被河蟹掏吃的螺壳，但泊湖生物资源修复区的螺类等大型底栖动物的数量已达到 69 个 · m^{-2}，水草上附着的幼螺生物量达 49.3 g · m^{-2}。与原生态时期的 1980 年、1981 年的 6 月和 9 月的调查、测定的数据最大值 25 个 · m^{-2} 和生物量 33.8 g · m^{-2} 相比数量提高了 45.8%，与 1998—1999 年测定的平均数据 4 个 · m^{-2} 和生物量 14.3 g · m^{-2} 相比成数倍增加。

3. 科学放养，保持渔业与环境协调发展

为了维护生物资源修复效果，渔业公司尝试以河蟹为主要放养品种的养殖结构。每年幼蟹的放养量根据水草资源恢复程度和上年度河蟹生长情况，逐年增加放养数量。2003 年放养 100 万只，2004 年增加到 180 万只，2005—2006 年的放养量保持在 300 万只，每亩放养量由开始的 12 只增加到近 50 只。蟹种在泊湖的放养范围严格按照分级扩散式放养，即 4 月份之前的幼蟹圈养在小围网内，待水草植株长大后，将小围网撤开，再让幼蟹在修复区自由散开，从而能有效地避开水草早期芽苗过度被幼蟹钳断或连根拔起的危害。鱼类品种的放养与河蟹放养同步，2003—2006 年共放养鲢鳙鱼种 65 400 kg，平均每年放养 16 350 kg，白鲢占 14.7%，鳙占 85.3%；2005 年开始放养鳜鱼种 10 万尾，2006 年鳜鱼种放养量增加到 20 万尾；当水草资源逐渐恢复后，从 2005 年开始，每年还投放 2 000 kg 团头鲂鱼种；当水草资源已完全恢复后，为了防止水草资源量过大得不到利用而可能会产生二次污染的情况，公司自 2006 年开始向泊湖试验性投放草鱼种 4 000 kg。

(四)核心示范区效益分析

1. 经济效益显著

泊湖 4 000 hm^2 渔业生态核心示范区，通过连续几年不间断种草移螺，适量投放蟹种、鱼类等措施，生物资源已完全恢复，水草资源逐渐增多，苦草、轮叶黑藻等优质水生微管束植物资源量超过当年(1980 年)丰富的程度，放养的各种水产动物生长情况良好，水产品产量逐年提高，商品蟹质量明显高于周围同类湖泊，雌性河蟹当年的个体规格达到每只 144 g，雄性河蟹个体规格达到每只 183.6 g，商品蟹售价也比周边湖泊生产的河蟹高出 1 倍，河蟹投入产出比高达 1∶7；鱼类生长速度快，鲢鳙增重倍数近 8 倍，团头鲂达到 11.7 倍，草鱼增重 24 倍；每放养鳜鱼种万尾，均获得 3 900 kg 的商品鱼，经济效益年年翻番。

2. 生态效益突出

一是恢复了湖泊生态系统，使示范区沉水植物覆盖率达到 50%以上，沉水植物平均生物量达到 4 500 $g \cdot m^{-2}$ 以上，水质达到国家水源地Ⅱ～Ⅲ类水质标准。二是使示范区内的农民增强了保护湖泊渔业资源和生态环境意识，科学地利用自然资源，遏制湖泊生态系统退化的趋势，减少环境污染，维持湖泊生态系统的良性循环，这对维护自然生态平衡起着重要作用。

3. 社会效益明显

首先是增加了市场绿色食品占有份额；其次是通过修复湖泊生物资源后，不仅为示范区的群众的生存和发展提供良好、安全的环境条件，而且加大了湖泊营养基质转化成优质水产品，使湖泊渔业产量、产值翻番，由此产生非常巨大的价值，使沿湖从事渔业的农民收入翻番；另外是湖泊水产品产量和渔业产值的提高，不仅直接解决沿湖渔(农)民就业问题，而且带动了水产苗种、捕捞业、水产品加工业、水产品购销、运输、餐饮服务业等相关一、二、三产业的发展。

(五)前景展望

在未来的 5～10 年内，通过开展湖泊生态渔业，对湖区实施综合治理，修复保护资源，科学合理开发利用，使所有通江湖泊水草覆盖率从现在的 50%增加到 80%，江湖洄游性鱼类资源量和种类数量增加 10%，湖区渔(农)民人均收入增加 30%以上。将安庆湖区建设成为环境资源良好，珍稀候鸟成群栖息，各种鱼类、虾、蟹、鳖、蚌、底栖生物、水生植物共生共栖共荣，蟹肥鱼壮，鸟语花香，人欢安康的生态渔业示范区。

三、湿地保护与可持续利用对策

安庆湖泊湿地面积占安徽省的 1/3 以上，湿地资源丰富，保护湿地资源对促进区域经济发展具有战略意义。湿地不同于耕地、林地和其他土地资源，它具有破坏容易恢复难的特点。同时，湿地效益的发挥必须有良好的湿地生态系统为基础。因此，在开发利用湿地资源的同时，必须克服短期行为，正确处理保护与利用的关系。

(一)完善、应用、推广已取得的成功经验

继续完善湿地保护目标考评，使其更具科学性和可操作性，真正使湿地保护列入

政府及相关部门工作和规划中，充分发挥湿地目标考评在促进湿地保护管理中的作用。同时，要发挥湿地生物多样性管理委员会在推进湿地保护与利用重大决策中的作用，解决政出多门、相互扯皮的问题。

（二）制定全面统一的全市湿地保护与可持续利用规划

以全市宏观规划为依托，制定全市湿地保护与可持续利用规划，并使该规划与林业、渔业、环保、水利、旅游、土地等行业规划相衔接、协调。在调查研究的基础上，规划建立生物多样性保护示范区、生态渔业示范区、生态旅游示范区，促进保护与利用协调发展。

（三）建设“3 个 1”工程

即在湖泊湿地有选择地建立 1 处国家级自然保护区，建设 1 处国际重要湿地，建设 1 处国家湿地公园。这“3 个 1”工程既是今后国家生态建设投资的方向和重点，又是提升安庆市在生态文明建设中的影响的重大举措。

（四）坚持项目带动

安庆属经济欠发达地区，地方财政目前还难以大量投入。因此，要抓住当前国内外湿地保护的良好态势，在规划的基础上，多渠道争取项目，包括世界银行、亚洲银行、联合国组织的项目，争取在建立湿地生态旅游、发展绿色产业、促进湿地产业多元化、促进社区共管方面有所突破。

（五）继续加强与国际国内有关组织的合作

在过去工作的基础上，进一步加强与 UNDP、WWF、WI 等国际组织的合作，同时加强与国内大专院校、科研机构的合作，引进资金、技术，进一步提高管理能力和管理水平。

（六）加强对湿地管理工作的组织领导

湿地管理工作涉及方方面面，需要政府的强力推动。因此，各级政府要加强对湿地管理工作的监督管理，建立考评、检查、奖惩制度。

附　录

附录 1 安庆沿江湿地浮游植物

蓝藻门 CYANOPHYTA

1. 微囊藻 *Microcystis*
2. 胶球藻 *Gloeocapsa*
3. 束丝藻 *Apanizomenon*
4. 腔球藻 *Coelosphaerium*
5. 胶鞘藻 *Phormiaium*
6. 鱼腥藻 *Anabaenopsis*
7. 林氏藻 *Lyngbya*
8. 胶刺藻 *Gloeotrichia*
9. 细颤藻 *Oscillatoria*
10. 螺旋藻 *Spirulina*
11. 念珠藻 *Nostoc*
12. 楔形藻 *Gomphesphaeria*
13. 胶须藻 *Rivularia*
14. 尖头藻 *Raphidisopsis*
15. 兰纤维藻 *Dactylococopsis*
16. 平裂藻 *Merismopedia*

绿藻门 CHLOROPHYTA

17. 盘星藻 *Pediastrum*
18. 新月鼓藻 *Closterium*
19. 卵囊藻 *Docystis*
20. 壳衣藻 *Phacotus*
21. 水绵 *Shirogrra*
22. 微星鼓藻 *Micrasterias*
23. 柯氏藻 *Chodatella*
24. 空球藻 *Eudoriua*
25. 素衣藻 *Polytoma*
26. 棘鼓藻 *Xanthodium*
27. 实球藻 *Paandornia*
28. 小球藻 *Chlorella*
29. 四棘藻 *Treubaria*
30. 浮球藻 *Planktosphaeria*
31. 衣藻 *Chlamydomonas*
32. 团藻 *Voluox*

33. 空星藻 *Coelastrum*
34. 栅列藻 *Scenealesmus*
35. 四鞭藻 *Carteria*
36. 鼓藻 *Cosmarium*
37. 星列藻 *Actidesmium*
38. 纤维藻 *Ankistrodesmus*

硅藻门　BACILLARIOPHYTA

39. 网眼藻 *Epithomia*
40. 直链藻 *Melosira*
41. 双菱藻 *Surirella*
42. 针杆藻 *Syuedra*
43. 菱形藻 *Nitzschia*
44. 羽纹藻 *Pinnularia*
45. 棒杆藻 *Rhopatodia*
46. 小环藻 *Cyclotella*
47. 胞杆藻 *Fragilaria*
48. 平板藻 *Tabellaria*
49. 月形藻 *Amphora*
50. 双缝藻 *Gyrosigma*
51. 四棘硅藻 *Attbeya*
52. 纺锤硅藻 *Navicula*
53. 舟形硅藻 *Pinnularia*
54. 新月硅藻 *Cymlella*
55. 曲壳硅藻 *Achnanthes*

金藻门　CHRYSOPHYTA

56. 锥囊藻 *Dinobryon*
57. 黄团藻 *Uroglenopsis*
58. 金藻 *Chromulina*
59. 金鳞藻 *Mallomonas*

黄藻门　XANTHOPHYTA

60. 黄球藻 *Gloeobotrys*
61. 黄丝藻 *Tribonema*
62. 顶刺藻 *Centroitracutus*

裸藻门　CHRYSOPHYTOA

63. 尾裸藻 *Euglena*
64. 囊裸藻 *Trachelomonas*

65. 拟裸藻 *Euglenopsis*
66. 眼虫藻 *Euglena*
67. 定形裸藻 *Lepocinolis*
68. 扁裸藻 *Thacus*

甲藻门 PYRROPHYTA

69. 角甲藻 *Ceratinm*
70. 多甲藻 *Peridinium*
71. 隐藻 *Chroumonas*
72. 裸甲藻 *Gymnodinium*
73. 光甲藻 *Glenodininm*

附录 2　安庆沿江湿地主要湖泊浮游动物

种类	龙感湖	黄大湖	泊湖	武昌湖	破罡湖	菜子湖
原生动物 PROTOZOA						
变形目 Amoebida						
变形科 Amoebidae						
1. 多足变形虫 *Amoeba polypodia*		√				
2. 辐射变形虫 *Amoeba radiosa*		√				
3. 变形虫 *Amoeba* sp.				√		
表壳科 Arcellidae						
4. 表壳虫 *Arcella* sp.	√		√			
梨壳科 Nebelidae						
5. 法帽虫 *Phryganella* sp.		√				
砂壳科 Diflugiidae						
6. 梨形砂壳虫 *Difflugia pyriformis*		√				
7. 尖顶砂壳虫 *Difflugia acuminata*		√				
8. 圆钵砂壳虫 *Difflugia urceolata*		√				
9. 叶口砂壳虫 *Difflugia lobostoma*		√				
10. 冠冕砂壳虫 *Difflugia corona*						√
11. 偏孔砂壳虫 *Difflugia constricta*		√				
12. 砂壳虫 *Difflugia* sp.	√		√	√	√	
13. 压缩匣壳虫 *Centropyxis constricta*						√
14. 匣壳虫 *Centropyxis* sp.	√	√				
15. 瓜形虫 *Cucurbitella* sp.		√				
有壳丝足目 Testaceafilosa						
鳞壳科 Euglyphidae						
16. 鳞壳虫 *Euglypha* sp.	√					
17. 斜口三足虫 *Trinema enchelys*						√
18. 三足虫 *Trinema* sp.			√			
太阳虫目 Actinophryida						
太阳虫科 Actinophryidae						
19. 太阳虫 *Actinophrys* sp.				√		
棘骨太阳虫目 Ceatrohelida						
刺胞科 Acanthocystidae						
20. 刺胞虫 *Acanthocystis* sp.		√				
前口目 Prostomatida						
板壳科 Colepidae						
21. 多毛板壳虫 *Coleps hirtus*		√				
栉毛科 Didiniidae						
22. 栉毛虫 *Didinium* sp.			√			

续附录 2

种类	龙感湖	黄大湖	泊湖	武昌湖	破罡湖	菜子湖
23. 睥睨虫 *Askenasia* sp.				√		
膜口目 Hymenostomatida						
草履虫科 Parameciidae						
24. 大草履虫 *Paramecium caudatum*		√				
25. 绿草履虫 *Paramecium bursaria*		√				
26. 草履虫 *Paramecium* sp.	√		√			
前口科 Frontoniidae						
27. 银白前口虫 *Frontonia leucas*		√				
缘毛目 Peritrichida						
累枝科 Epistylididae						
28. 累枝虫 *Epistylis* sp.			√	√		
喇叭科 Stentoridae						
29. 多态喇叭虫 *Stentor polymorphus*		√				
30. 喇叭虫 *Stentor* sp.	√					
寡毛目 Oligotrichida						
铃壳科 Codonellidae						
31. 杯状似铃壳虫 *Tintinnopsis cratera*		√				√
32. 王氏似铃壳虫 *Tintinnopsis wangi*		√				
33. 似铃壳虫 *Tintinnopsis* sp.		√				
弹跳科 Halteriidae						
34. 大弹跳虫 *Halteria grandinella*					√	
急游科 Strombidiidae						
35. 绿急游虫 *Strombidium viride*				√		
侠盗科 Strobilidiidae						
36. 帽形侠盗虫 *Strobilidium velox*						√
拟急游科 Strombidinopsidae						
37. 旋转拟急游虫 *Strombidinopsis gyrans*		√				
38. 拟急游虫 *Strombidinopsis* sp.	√					
下毛目 Hypotrichida						
游仆科 Euplotidae						
39. 游仆虫 *Euplotes* sp.			√			
轮虫动物 ROTIFERA						
单巢目 Monogononta						
猪吻轮科 Dicranophridae						
40. 猪吻轮虫 *Dicranophrus* sp.	√					
臂尾轮科 Brachionidae						
41. 鞍甲轮虫 *Lepadella* sp.				√		

续附录 2

种类	龙感湖	黄大湖	泊湖	武昌湖	破罡湖	菜子湖
42. 萼花臂尾轮虫 *Brachionus calyciflorus*		√				
43. 壶状臂尾轮虫 *Brachionus urceus*				√		
44. 臂尾轮虫 *Brachionus* sp.	√		√			√
45. 裂足轮虫 *Schizocerca diversicornis*			√			
46. 十指平甲轮虫 *Platyias militaris*				√		
47. 平甲轮虫 *Platyias* sp.	√					
48. 棘管轮虫 *Mytilina* sp.			√			
49. 须足轮虫 *Euchlanis* sp.	√					
50. 裂痕龟纹轮虫 *Anuraeopsis fissa*	√					
51. 螺形龟甲轮虫 *Keratalla cochlearis*		√				√
52. 矩形龟甲轮虫 *Keratalla quadrata*		√		√		√
53. 龟甲轮虫 *Keratalla* sp.	√		√			
54. 前额犀轮虫 *Rhinoglena frontalia*			√			
腔轮科 Lecanidae						
55. 蹄形腔轮虫 *Lecane ungulata*		√				
56. 形腔轮虫 *Lecane luna*		√				
57. 腔轮虫 *Lecane* sp.	√					
58. 单趾轮虫 *Monostyla* sp.	√	√		√		
椎轮科 Notommatidae						
59. 巨头轮虫 *Cephalodella* sp.		√	√			
腹尾轮科 Gastropodidae						
60. 腹足腹尾轮虫 *Gastropus hyptopus*		√				
61. 腹尾轮虫 *Gastropus* sp.			√			
62. 无柄轮虫 *Ascomorpha* sp.			√			
63. 彩胃轮虫 *Chromogaster* sp.			√			
鼠轮科 Trichocercidae						
64. 尾轮虫 *Diurella* sp.			√			
65. 长刺异尾轮虫 *Trichocerca longiseta*				√		
66. 异尾轮虫 *Trichocerca* sp.			√	√		
疣毛轮科 Synchaetidae						
67. 针簇多肢轮虫 *Polyarthra trigla*		√				
68. 多肢轮虫 *Polyarthra* sp.			√	√		
69. 疣毛轮虫 *Synchaeta* sp.	√					
70. 郝氏皱甲轮虫 *Ploesoma hudsoni*		√				
71. 皱甲轮虫 *Ploesoma* sp.	√					
晶囊轮科 Asplanchnidae						
72. 多突囊足轮虫 *Asplanchnopus multiceps*		√				

续附录 2

种类	龙感湖	黄大湖	泊湖	武昌湖	破罡湖	菜子湖
73. 囊足轮虫 *Asplanchnopus* sp.			√			
74. 氏晶囊轮虫 *Asplanchna sieboldi*						√
75. 前节晶囊轮虫 *Asplanchna priodonta*		√				
76. 轮虫 *Asplanchna* sp.			√	√		
聚花轮科 Conochildae						
77. 聚花轮虫 *Conochilus* sp.			√			
镜轮科 Testudinellidae						
78. 镜轮虫 *Testudinellae* sp.		√				
79. 三肢轮虫 *Filinia* sp.				√		
甲壳动物 CRUSTACEA						
枝角目 Cladocera						
薄皮溞科 Leptodoridae						
80. 透明薄皮溞 *Leptodora kindti*	√		√			
仙达溞科 Sididae						
81. 晶莹仙达溞 *Sida crystallina*		√	√			
82. 短尾秀体溞 *Diaphanosoma brachyurum*		√				
83. 多刺秀体溞 *Diaphanosoma sarsi*		√				
84. 秀体溞 *Diaphanosoma* sp.	√		√			
溞科 Daphniidae						
85. 僧帽溞 *Daphnia cucullata*		√	√	√		
86. 大型溞 *Daphnia magna*	√	√				
87. 棘爪低额溞 *Simocephalus exspinosus*						√
88. 低额溞 *Simocephalus* sp.	√					
89. 美丽网纹溞 *Ceriodaphnia pulchella*				√		
90. 网纹溞 *Ceriodaphnia* sp.	√					
象鼻溞科 Bosminidae						
91. 长额象鼻溞 *Bosmina longirostris*		√		√		√
92. 简孤象鼻溞 *Bosmina coregoni*		√				
93. 脆弱象鼻溞 *Bosmina fatalis*		√				
94. 象鼻溞 *Bosmina* sp.	√		√			
盘肠溞科 Chydoridae						
95. 顶冠溞 *Acroperus* sp.	√					
96. 体尖额溞 *Alona diaphana*				√		
97. 尖额溞 *Alona* sp.	√					
98. 锐额溞 *Alonella* sp.	√					
99. 平直溞 *Pleuroxus* sp.	√					
100. 圆形盘肠溞 *Chydorus sphaericus*		√				

续附录 2

种类	龙感湖	黄大湖	泊湖	武昌湖	破罡湖	菜子湖
101. 盘肠溞 *Chydorus* sp.	√					
哲水蚤目 Calanoida						
胸刺水蚤科 Centropagidae						
102. 汤匙华哲水蚤 *Sinocalanus dorrii*	√	√	√			
镖水蚤科 Diaptomidae						
103. 突新镖水蚤 *Neodiaptomus schmackeri*				√		
104. 中镖水蚤 *Sinodiaptomus* sp.				√		
105. 大型中镖水蚤 *Sinodiaptomus sarsi*		√				
106. 中华原镖水蚤 *Eodiaptomus sinensis*		√				√
107. 明镖水蚤 *Heliodiaptomus* sp.	√					
剑水蚤目 Cyclopoida						
长腹剑水蚤科 Oithonidae						
108. 窄腹剑水蚤 *Limnoithona* sp.	√					
剑水蚤科 Cyclopidae						
109. 大剑水蚤 *Macrocyclops* sp.	√					
110. 拟剑水蚤 *Paracyclops* sp.	√					
111. 近邻剑水蚤 *Cyclops vicinus*		√				
112. 剑水蚤 *Cyclops* sp.			√	√		√
113. 广布中剑水蚤 *Mesocyclops leuckarti*		√				
114. 棘尾刺剑水蚤 *Acanthocyclops bicuspidatus*		√				
115. 台湾温剑水蚤 *Thermocyclops taihokuensis*		√				
116. 跨立小剑水蚤 *Microcyclops varicans*		√				
117. 小剑水蚤 *Microcyclops* sp.		√				
猛水蚤目 Harpacticoida						
老年猛水蚤科 Laophontidae						
118. 模式有爪猛水蚤 *Onychocamptus mohammed*		√				√
异足猛水蚤科 Canthocamptidae						
119. 异足猛水蚤 *Canthocamptus* sp.	√					

附录 3 安庆沿江湿地各主要湖泊维管植物

种类名称	生态	龙感湖	黄湖	泊湖	武昌湖	破罡湖	菜子湖	白荡湖	枫沙湖	陈瑶湖
蕨类植物 PTERIDOPHYTA										
木贼科 Equisetaceae										
1. 节节草 *Hippochaete ramosissimum*	湿生	sol	sol	sol			sol			
海金沙科 Lygodiaceae										
2. 海金沙 *Lygodium japonicum*		sol	un	sol			sol			
蕨科 Pteridiaceae										
3. 蕨 *Pteridium aquilinum* var. *latiusculum*							sol			
凤尾蕨科 Pteridaceae										
4. 凤尾蕨 *Pteris neruosa*	挺水	sol	sol	sol		sol	sol			
水蕨科 Parkeriaceae										
5. 水蕨 *Ceratopteris thalictroides*	挺水	sol	sol	sol		sol	sol			
鳞毛蕨科 Dryopteridaceae										
6. 两色鳞毛蕨 *Dryopteris bissetiana*	湿生						un			
苹科 Marsileaceae										
7. 苹 *Marsilea quadrifolia*	漂浮	cop^{1}	cop^{1}	cop^{1}	cop^{1}	cop^{1}	cop^{1}	cop^{1}	sp	sp
槐叶苹科 Salviniaceae										
8. 槐叶苹 *Salvinia natans*	漂浮	sol	sol	sol	sol	sol	sol	sol	sol	sol
满江红科 Azollaceae										
9. 满江红 *Azolla imbricata*	漂浮	sop2	sol	sol		sol	sol	sol	sol	sol
裸子植物 GYMNOSPERMAE										
松科 Pinaceae										
10. 马尾松 *Pinus massoniana*		sol	sol	sol			sol			
11. 火炬松 *Pinus taeda*		cop^{2}	cop^{2}	cop^{2}			cop^{2}			
12. 湿地松 *Pinus elliottii*		cop^{2}	cop^{2}	cop^{2}			cop^{2}			
杉科 Taxadiaceae										
13. 杉木 *Cunninghamia lanceolata*			sol	sp			sol			
14. 池杉 *Taxodium ascendens*						sp	sp			
15. 水杉 *Metasequoia glyptostroboides*		sol	sol		sol	sol	sol			
柏科 Cupressaceae										
16. 柏木 *Cupressus funebris*			un	un		un	un			
17. 圆柏(桧柏) *Sabina chinensis*							un			
双子叶植物 DICOTYLEDONEAE										
胡桃科 Juglandaceae										
18. 枫杨 *Pterocarya stenoptera*	湿生						sol			
杨柳科 Salicaceae										
19. 加杨 *Populus canadensis*						sol	sol			
20. 意杨 *Populus euramevicana* cv. ‘I—214’						sol	sol			
21. 旱柳 *Salix matsudana*	湿生	sol		sol			sol			
22. 垂柳 *Salix babylonica*	湿生			sol			sol			
23. 河柳(腺柳) *Salix glandulosa*	湿生						sol			
壳斗科 Fagaceae										
24. 板栗 *Castanea mollissima*							un			
25. 茅栗 *Castanea seguinii*							un			
26. 麻栎 *Quercus acutissima*							un			

续附录 3

种类名称	生态	龙感湖	黄湖	泊湖	武昌湖	破罡湖	菜子湖	白荡湖	枫沙湖	陈瑶湖
27. 枹栎 *Quercus glandulifera*							un			
榆科 Ulmaceae										
28. 光叶榉 *Zelkova serrata*							un			
29. 榆 *Ulmus pumila*			sol	sol		sol	sol			
30. 榔榆 *Ulmus parvifolia*				sol		sol	sol			
31. 朴 *Celtis tetrandra* subsp. *sinemsis*		un	un	un			un			
桑科 Moraceae										
32. 柘树 *Cudrania tricuspidata*		sol		sol			sol			
33. 华桑 *Morus cathayana*			sol	sol			sol			
34. 构树 *Broussonetia papyrifera*		sol	sol	sol			sol			
35. 葎草 *Humulus scandes*		sol	sol	sol		sol	sol	sol		
蓼科 Polygonaceae										
36. 荞麦 *Fagopyrum esculentum*	湿生	sol	sol	sol			sol			sol
37. 杠板归 *Polygonum perfoliatum*	湿生	sol	sol	sol	sol	sol	sol	sol		
38. 披针叶蓼 *Polygonum hastato-sagittatum*	湿生	sol	sol	sol		sol	sol			sol
39. 小花蓼 *Polygonum muricatum*	湿生	sol	sol	sol			sol			
40. 萹蓄 *Polygonum aviculare*	湿生	sol	sol	sol		sol	sol			
41. 腋花蓼(习见蓼) *Polygonum plebeium*	湿生	un	un	un			un			
42. 酸模叶蓼(旱苗蓼) *Polygonum lapathifolium*	挺水	sol	sol	sol			sol	sol		
43. 绵毛酸模叶蓼 *Polygonum lapathifolium* var. *salicifolium*	挺水						cop^1			
44. 红蓼(荭草) *Polygonum orientale*	挺水	sol		sol			sol	sol		
45. 蚕茧草 *Polygonum japonicum*	湿生	sol	sol	sol	sol	sol	sol	sol		sol
46. 水蓼(辣蓼) *Polygonum hydropiper*	挺水	sol	sol	sol		sol	sol	sol	sol	sol
47. 细叶蓼 *Polygonum taquetii*	湿生						sol			
48. 愉悦蓼 *Polygonum jucundum*	湿生						cop^1			
49. 圆基愉悦蓼 *Polygonum jucundum* var. *routundum*	湿生						cop^1			
50. 长鬃蓼 *Polygonum longisetum*	湿生						cop^1			
51. 圆基长鬃蓼 *Polygonum longisetum* var. *routundum*	湿生						cop^1			
52. 蓼子草 *Polygonum cripolitanum*	湿生	sp	sp	sp			sp	sp	sp	
53. 尼泊尔蓼 *Polygonum nepalense*	湿生	sp		sp			sol			
54. 齿果酸模 *Rumex dentatus*	湿生			sol		sol	sol			sol
55. 长刺酸模 *Rumex trisetiferus*	湿生						sol			
56. 羊蹄 *Rumex japonicus*	湿生	sol	sol	sol			sol			
商陆科 Phytolaccaceae										
57. 商陆 *Phytolacca acinosa*				sol			sol			

续附录 3

种类名称	生态	龙感湖	黄湖	泊湖	武昌湖	破罡湖	菜子湖	白荡湖	枫沙湖	陈瑶湖
紫茉莉科 Nyctaginaceae										
58. 紫茉莉 *Mirabilis jalapa*				sol	sol	sol	sol			
粟米草科 Molluginaceae										
59. 粟米草 *Mollugo pentaphylla*	湿生	sol		sol		sol	sol			sol
马齿苋科 Portulacaceae										
60. 马齿苋 *Portulaca oleracea*		sol		sol			sol			
石竹科 Caryophyllaceae										
61. 漆姑草 *Sagina japonica*	湿生	sol	sol	sol	sol	sol	sol	sol	sol	
62. 牛繁缕 *Malachium aquaticum*	湿生			sol			sol			
63. 球序卷耳 *Cerastium glomeratum*	湿生						sol			
64. 蚤缀(鹅不食草) *Arenaria serpyllifolia*	湿生			sol			sol	sol		
藜科 Chenopodiaceae										
65. 菠菜 *Spinacia oleracea*		scl	sol	sol			sol			
66. 灰绿藜 *Chenopodium glaucum*		scl		sol			sol			
67. 地肤 *Kochia scoparia*		scl	sol	sol		sol	sol			
苋科 Amaranthaceae										
68. 青葙 *Celosia argentea*	湿生	scl	sol	sol			sol			
69. 刺苋 *Amaranthus spinosus*				sol			sol	sol	sol	
70. 苋 *Amaranthus tricolor*		sp	sp	sp	sp	sp	sp	sp	sp	sp
71. 凹头苋(野苋) *Amaranthus lividus*				sp			sp			
72. 繁穗苋 *Amaranthus paniculatus*		un		un			un			
73. 牛膝 *Achyranthes bidentata*		sol	sol	sol		sol	sol	sol		
74. 莲子草(虾钳菜) *Alternanthera sessilis*	湿生	sol	sol	sol		sol	sol	sol		sol
75. 喜旱莲子草(水花生) *Alternanthera philoxeroides*	挺水	sp		sp		sp	sp	sp		
木兰科 Magnoliaceae										
76. 紫玉兰 *Magnolia liliflora*							sol			
樟科 Lauraceae										
77. 山胡椒 *Lindera glauca*		sol					sol			
78. 香樟 *Cinnamomum camphora*			sol				sol			
毛茛科 Ranunculaceae										
79. 茴茴蒜 *Ranunculus chinensis*	湿生						sol			
80. 肉根毛茛 *Ranunculus polii*	湿生	sol		sol			sol			
81. 猫爪草 *Ranunculus ternatus*	湿生	sol		sol		sol	sol			
82. 石龙芮 *Ranunculus sceleratus*	湿生					sol				
防己科 Menispermaceae										
83. 金线吊乌龟 *Stephania cepharantha*				un			un			
84. 木防己 *Cocculus orbiculatus*				un			un			
睡莲科 Nymphaeaceae										

续附录 3

种类名称	生态	龙感湖	黄湖	泊湖	武昌湖	破罡湖	菜子湖	白荡湖	枫沙湖	陈瑶湖
85. 莲 *Nelumbo nucifera*	挺水	cop^3	cop^2	cop^1	cop^1	sp	sol	sol		sp
86. 芡实 *Euryale ferox*	浮叶	sol	cop^2	cop^1		sol	sol	sol		
金鱼藻科 Ceratophyllaceae										
87. 金鱼藻 *Ceratophyllum demersum*	沉水	cop^1	sol		sol	cop^1	sol	sol		sol
山茶科 Theaceae										
88. 茶 *Camellia sinensis*							sol			
藤黄科 Guttiferae										
89. 地耳草 *Hypericum japonicum*		sol	sol	sol		sol	sol	sol		sol
十字花科 Cruciferae										
90. 水田碎米荠 *Cardamine lyrata*	湿生	sol	sol	sol		sol	sol		sol	sol
91. 碎米荠 *Cardamine hirsuta*	湿生	sol		sol		sol	sol			
92. 豆瓣菜 *Nasturtium officinale*	湿生						sol			
93. 臭荠 *Coronopus didymus*							sol			
94. 独行菜 *Lepidium apetalum*		sol	sol	sol		sol	sol	sol		
95. 荠菜 *Capsella bursa-pastoris*				sp		sp	sol	sp	sol	sol
96. 萝卜 *Raphanus sativus*		sp	sol	sp	sol		sol	sol	sol	sol
97. 芥菜 *Brassica juncea*		sol		sol		sol	sol	sol		sol
98. 青菜 *Brassica chinensis*		sp	sp	sp	sp	sp	sp	sp	sp	sp
99. 芸苔(油菜) *Brassica campestris*		sp	sp	sp	sp	sp	sp	sp	sp	sp
100. 广东蔊菜 *Rorippa cantoniensis*	湿生	sol	sol	sol		sol	sol		sol	sol
101. 球果焊菜 *Rorippa globosa*	湿生					sol				
102. 沼生蔊菜 *Rorippa islandica*	湿生			sol		sol	sol			
103. 拟南芥 *Arabidopsis thaliana*		sol	sol	sol		sol	sol	sol	sol	sol
金缕梅科 Hamamelidaceae										
104. 枫香 *Liquidambar formosana*		sol		sol			sol			
蔷薇科 Rosaceae										
105. 野山楂 *Crataegus cuneata*							sol			
106. 石楠 *Photinia serrulata*							un			
107. 枇杷 *Eriobotrye japonica*				un			un			
108. 沙梨 *Pyrus pyrifolia*				un			un			
109. 棠梨(杜梨) *Pyrus betulaefolia*		sol		sol			sol			
110. 豆梨 *Pyrus calleryana*		sol		sol			sol			
111. 金樱子 *Rosa laevigata*				sol			sol			
112. 小果蔷薇 *Rosa cymosa*		sol	sol	sol			sol	sol		
113. 野蔷薇(多花蔷薇) *Rosa multiflora*		sol	sol	sol			sol			
114. 月季 *Rosa chinensis*		sol	sol	sol		sol	sol			
115. 地榆 *Sanguisorba officinalis*				un			un			
116. 茅莓 *Rubus parvifolius*		sol	sol	sol		sol	sol	sol		sol
117. 插田泡 *Rubus coreanus*				sol			sol			

续附录 3

种类名称	生态	龙感湖	黄湖	泊湖	武昌湖	破罡湖	菜子湖	白荡湖	枫沙湖	陈瑶湖
118. 蛇莓 *Duchesnea indica*		sol	sol	sol		sol	sol	sol		sol
119. 朝天委陵菜 *Potentilla supina*	湿生	sol	sol	sol		sol	sol			
120. 三叶朝天委陵菜 *Potentilla supina* var. *ternata*	湿生			sol			sol			
121. 委陵菜 *Potentilla chinensis*							sp			
122. 翻白草 *Potentilla discolor*		sol	sol	sol	sol		sol			
123. 三叶委陵菜 *Potentilla freyniana*	湿生						un			
124. 蛇含委陵菜 *Potentilla kleiniana*	湿生	sol		sol			un			
125. 桃 *Amygdalus persica*				sol			sol			sol
126. 杏 *Armeniaca vulgaris*		sol		sol			sol			
127. 李 *Prunus salicina*							un			
豆科 Leguminosae										
128. 合欢 *Albizia julibrissin*							un			
129. 菽麻 *Crotalaria juncea*							sol			
130. 黄香草木樨 *Meliloutus officinalis*		sol	sol	sol			sol		sol	sol
131. 紫苜蓿 *Medicago sativa*							sol			
132. 小苜蓿 *Medicago minima*							sol			
133. 南苜蓿 *Medicago hispida*		sol	sol	sol			sol			
134. 天兰苜蓿 *Medicago lupulina*	湿生	sol	sol							
135. 毛野扁豆 *Dunbaria villosa*							sol			
136. 野大豆 *Glycine soja*		sp	sp	sp		sp	sp			
137. 大豆 *Glycine max*		sol	sol	sol	sol	sol	sol	sol	sol	sol
138. 菜豆(四季豆) *Phaseolus vulgaris*		sol	sol	sol	sol	sol	sol	sol	sol	sol
139. 扁豆 *Dolichos ladlad*		sol	sol	sol	sol	sol	sol	sol	sol	sol
140. 豇豆 *Vigna sinesis*		sol	sol	sol	sol	sol	sol	sol	sol	sol
141. 蚕豆 *Vicia faba*		sol	sol	sol	sol	sol	sol	sol	sol	sol
142. 救荒野豌豆(大巢菜) *Vicia sativa*		sol		sol			sp			
143. 小巢菜 *Vicia hirsuta*	湿生	sol	sol	sol	sol	sol	sol	sol	sol	sol
144. 豌豆 *Pisum sativum*		sol	sol	sol	sol	sol	sol	sol	sol	sol
145. 紫穗槐 *Amorpha fruticosa*			un							
146. 刺槐 *Robinia pseudoacacia*		sol	sol	sol		sol	sol		sol	sol
147. 紫云英 *Astragalus sinicus*		sol	sol	sol	sol	sol	sol	sol	sol	sol
148. 黄檀 *Dalbergia hupeana*							un			
149. 合萌 *Aeschynomene indica*	湿生	sol	sol	sol		sol	sol		sol	sol
150. 落花生(花生) *Arachis hypogaea*		sol	sol	sol	sol	sol	sol		sol	sol
151. 达呼里胡枝子 *Lespedeza davurica*							un			
152. 鸡眼草 *Kummerowia striata*		sol	sol	sol		sol	sol	sol		sol
酢浆草科 Oxalidaceae										
153. 酢浆草 *Oxalis corniculata*		sol	sol	sol	sol	sol	sol	sol	sol	sol

续附录 3

种类名称	生态	龙感湖	黄湖	泊湖	武昌湖	破罡湖	菜子湖	白荡湖	枫沙湖	陈瑶湖
大戟科 Euphorbiaceae										
154. 算盘子 *Glochidion puberum*				sol			sol			
155. 叶下珠 *Phyllanthus urinaria*		sol		sol			sol			
156. 油桐 *Vernicia fordii*							un			
157. 铁苋菜 *Acalypha australis*		sol	sol	sol			sol	sol	sol	sol
158. 蓖麻 *Ricinus communis*			un			un	sol			
159. 乌桕 *Sapium sebiferum*		un	un	sol			sol			
160. 泽漆(猫眼草)*Euphorbia helioscopia*				un						
161. 地锦草 *Euphorbia humifusa*		sol	sol	sol		sol	sol			sol
162. 班地锦 *Euphorbia supina*				sol			sol			
芸香科 Rutaceae										
163. 青花椒(崖椒) *Zanthoxylum schinifolium*							un			
164. 柑橘 *Citrus reticulata*							un			
苦木科 Simaroubaceae										
165. 臭椿 *Ailanthus altissima*		sol	sol	sol		sol	sol			sol
楝科 Meliaceae										
166. 苦楝 *Melia azedarach*				sol			sol			sol
漆树科 Anacardiaceae										
167. 黄连木 *Pistacia chinensis*				sol			sol			
凤仙花科 Balsaminaceae										
168. 凤仙花 *Impatiens balsamina*		sol	sol	sol		sol	sol			sol
卫矛科 Celastraceae										
169. 丝棉木 *Euonymus bungeana*							un			
鼠李科 Rhamnaceae										
170. 南枳椇(拐枣)*Hovenia acerba*							un			
171. 枣 *Ziziphus jujuba*		un		un			un			
葡萄科 Vitaceae										
172. 蘡薁 *Vitis adstricta*	湿生			sol			sol			
173. 葡萄 *Vitis vinifera*		un	un	un		un	un			un
174. 爬山虎 *Parthenocissus tricuspidata*	湿生			un			un			
175. 乌蔹莓 *Cayratia japonica*		sol	sol	sol		sol	sol			sol
椴树科 Tiliaceae										
176. 光果田麻 *Corchoropsis psilocarpa*		sol	sol	sol		sol	sol			
177. 扁担杆 *Grewia biloba*							un			
锦葵科 Malvaceae										
178. 苘麻 *Abutilon theophrasti*		un	un	sol		sol	un	un	un	un
179. 蜀葵 *Althaea rosea*		un	un	un		un	un			un
180. 木芙蓉 *Hibiscus mutabilis*				un			un			un

续附录 3

种类名称	生态	龙感湖	黄湖	泊湖	武昌湖	破罡湖	菜子湖	白荡湖	枫沙湖	陈瑶湖
181. 木槿 *Hibiscus syriacus*				sol			sol			un
182. 棉 *Gossypium hirsutum*		sp	sp	sp	sp	sp	sp		sp	sp
梧桐科 Sterculiaceae										
183. 梧桐 *Firmiana simplex*				un			un			
184. 马松子 *Melochia corchorifolia*		sol		sol			sol			
瑞香科 Thymelaeaceae										
185. 芫花 *Daphne genkwa*		un		un			un			
堇菜科 Violaceae										
186. 光瓣堇菜(紫花地丁)*Viola vedoensis*	湿生	un		un			un	un	un	un
葫芦科 Cucurbitaceae										
187. 栝楼 *Trichosanthes kirilowii*							sol			
188. 盒子草 *Actinostemma tenerum*	湿生	sol								
189. 丝瓜 *Luffa cylindrica*		sol	sol	sol	sol	sol	sol	sol	sol	sol
190. 西瓜 *Citrullus lanatus*				sol					sol	sol
191. 黄瓜 *Cucumis sativus*		sol	sol	sol	sol	sol	sol	sol	sol	sol
192. 葫芦 *Lagenaria siceraria*		sol	sol	sol						
193. 瓠子 *Lagenaria siceraria* var. *hispida*		sol	sol	sol						
194. 南瓜 *Cucurbita moschata*		sol	sol	sol	sol	sol	sol	sol	sol	sol
千屈菜科 Lythraceae										
195. 多花水苋菜 *Ammannia multiflora*	湿生			sol						
196. 水苋菜 *Ammannia baccifera*	湿生			sol						
197. 节节菜 *Rotala indica*	湿生	sol	sol	sol		sol	sol			
菱科 Trapaceae										
198. 丘角菱 *Trapa japonica*	浮叶						sp			
199. 菱 *Trapa bispinosa*	浮叶	cop^{1}	cop^{3}	sp	sp	cop^{1}	cop^{1}	sol	sol	sol
200. 乌菱 *Trapa bicornis*	浮叶						sp			
201. 四角菱 *Trapa quadrispinosa*	浮叶						sp			
202. 细果野菱(野菱)*Trapa maximowiczii*	浮叶	cop^{1}	soc	sp	sp	cop^{1}	cop^{1}			sol
203. 四角刻叶菱 *Trapa incisa*	浮叶	sol	sol	sol	sol	sol	sol		sol	
柳叶菜科 Onagraceae										
204. 光华柳叶菜 *Epilobium cephalostigma*	湿生	sol		sol						
205. 丁香蓼 *Ludwigia prostrata*	湿生	sol	sol	sol	sol	sol	sol			sol
206. 卵叶丁香蓼 *Ludwigia ovalis*	湿生		sol							
小二仙草科 Haloragidaceae										
207. 聚草 *Myriophyllum spicatum*	沉水	sol	cop^{2}	sol		cop^{1}	sol	sol	sol	sol
208. 狐尾藻 *Myriophyllum verticillatum*	沉水						cop^{1}			
209. 乌苏里狐尾藻 *Myriophyllum ussuriense*	沉水			sol						
伞形科 Umbelliferae										
210. 天胡荽 *Hydrocotyle sibthorpioides*	湿生	sol	sol	sol		sol	sol		sol	

续附录 3

种类名称	生态	龙感湖	黄湖	泊湖	武昌湖	破罡湖	菜子湖	白荡湖	枫沙湖	陈瑶湖
211. 积雪草(铜钱草)*Centella asiatica*	湿生			sol			sol			
212. 窃衣 *Torilis scabra*			sol			sol				
213. 芫荽 *Coriandrum sativum*		sol	sol	sol		sol	sol			sol
214. 水芹 *Oenanthe javanica*	湿生	un		un						
215. 中华水芹 *Oenanthe sinensis*	挺水	un		un						
216. 茴香 *Foeniculum vulgare*				un						
217. 野胡萝卜 *Daucus carota*		sol	sol	sol			sol			
报春花科 Primulaceae										
218. 过路黄 *Lysimachia christinae*	湿生							un		
219. 星宿菜 *Lysimachia fortunei*	湿生		sol	sol		sol		sol	sol	sol
220. 泽珍珠菜 *Lysimachia candida*	湿生	sol	sol	sol			sol	sol		sol
221. 小叶珍珠菜 *Lysimachia parvifolia*	湿生			sol	sol					
柿树科 Ebenaceae										
222. 柿 *Diospyros kaki*				sol			sol			
木樨科 Oliaceac										
223. 雪柳 *Fontanesia fortunei*	湿生						un			
224. 桂花 *Osmanthus fragrans*							un			
225. 女贞 *Ligustrum lucidum*							sol			
睡菜科 Menyanthaceae										
226. 金银莲花 *Nymphoides indica*	浮叶	sol		sol		sol	sol			
227. 荇菜 *Nymphoides peltata*	浮叶	cop^3	cop^3	cop^1		sol	sol			sol
夹竹桃科 Apocynaceae										
228. 络石 *Trachelospermum jasminoides*	湿生						sol			
萝摩科 Aschepiadaceae										
229. 牛皮消 *Cynanchum auriculatum*							un			
茜草科 Rubiaceae										
230. 白花蛇舌草 *Hedyotis diffusa*	湿生			un						
231. 栀子 *Gardenia jasminoides*							sol			
232. 六月雪 *Serissa foetida*				sol			sol			
233. 鸡矢藤 *Paederia scandens*							un			
234. 小叶猪殃殃 *Galium trifidum*	湿生			sol						
235. 猪殃殃 *Galium aparine*				sol						
旋花科 Convolvulaceae										
236. 打碗花 *Calystegia hederacea*		sol	sol	sol	sol	sol	sol	sol		sol
237. 蕹菜 *Ipomoea aquatica*			sol	sol			sol			sol
238. 番薯(山芋)*Ipomoea batatas*		sp	sp	sp		sp	sp	sp		sp
239. 牵牛 *Pharbitis nil*							sol			
240. 金灯藤(日本菟丝子)*Cuscuta japonica*				un			un			
紫草科 Boraginaceae										

续附录 3

种类名称	生态	龙感湖	黄湖	泊湖	武昌湖	破罡湖	菜子湖	白荡湖	枫沙湖	陈瑶湖
241. 附地菜 *Trigonotis peduncularis*				sol			sol			
水马齿科 Callitrichaceae										
242. 沼生水马齿 *Callitriche palustris*	湿生		sol							
马鞭草科 Verbenaceas										
243. 马鞭草 *Verbena officinalis*				sol			sol	sol		
244. 黄荆 *Vitex negundo*				sol			sol			
唇形科 Labiatae										
245. 金疮小草(白毛夏枯草)*Ajuga decumbens*		sol	sol	sol	sol	sol	sol			
246. 半枝莲 *Scutellaria barbata*	湿生	sol	sol	sol		sol	sol			
247. 夏枯草 *Prunella vulgaris*	湿生			sol			sol			
248. 野芝麻 *Lamium barbatum*	湿生						sol			
249. 宝盖草 *Lamium amplexicaule*		sol	sol	sol			sol			sol
250. 假鬃尾草 *Leonurus chaituroides*				sol		sol				
251. 益母草 *Leonurus japonicus*		sol	sol	sp			sol	sol		sol
252. 水苏 *Stachys japonica*	湿生				sol					
253. 荔枝草 *Salvia plebeia*	湿生				sol					
254. 细风轮菜(瘦风轮)*Clinopodium gracile*				sol			sol			
255. 薄荷 *Mentha haplocalyx*	湿生	un		un						
256. 紫苏(白苏)*Perilla frutescens*				sol			sol			
257. 石荠苧 *Mosla scabra*				sol			sol			
258. 小鱼仙草 *Mosla dianthera*	湿生	sol	sol	sol		sol	sol			
茄科 Solanaceae										
259. 枸杞 *Lycium chinense*		un	un	sol	sol	sol	sol			un
260. 龙葵 *Solanum nigrum*			sol	sol						
261. 白英 *Solanum lyratum*			un	sol			sol			
262. 野海茄 *Solanum japonense*	湿生						sol			
263. 马铃薯 *Solanum tuberosum*			sol	sol			sol			sol
264. 茄 *Solanum melongena*		sol	sol	sol	sol	sol	sol	sol	sol	sol
265. 挂金灯 *Physalis alkekengi* var. *franchetii*							sol			
玄参科 Scrophulariaceae										
266. 毛泡桐 *Paulownia tomentosa*			un	sol		sol	sol	un		un
267. 弹刀子菜 *Mazus stachydifolius*	湿生	sol	sol	sol		un	sol			
268. 通泉草 *Mazus japonicus*	湿生						sol			
269. 水茫草 *Limosella aquatica*	湿生						sol			
270. 光叶翼萼 *Torenia glabra*	湿生			sol			sol			
271. 石龙尾 *Limnophila sessiliflora*	沉水			sol		un				
272. 母草 *Lindernia crustacea*	湿生	un	un	un						
273. 陌上菜 *Lindernia procubens*	湿生			sol						
274. 狭叶母草 *Lindernia angustifolia*	湿生			un						

续附录 3

种类名称	生态	龙感湖	黄湖	泊湖	武昌湖	破罡湖	菜子湖	白荡湖	枫沙湖	陈瑶湖
275. 泥花草 *Lindernia antipoda*	湿生	un		sol			sol			
276. 白花水八角 *Gratiola japonica*	湿生			sol						
277. 水苦荬 *Veronica undulata*	湿生			un			un			
278. 阿拉伯婆婆纳 *Veronica persica*			sol	sol		sol	sol			sol
爵床科 Acunthaceac										
279. 中华孩儿草 *Rungia chinensis*							sol			
胡麻科 Pedaliaceae										
280. 胡麻(芝麻)*Sesamum indicum*		sp	sp	sp	sp	sp	sp			
281. 茶菱 *Trapella sinensis*	浮叶		sol	sol		sol	sol			sol
狸藻科 Lentibulariaceae										
282. 挖耳草 *Utricularia bifida*	湿生		sol	sol			sol			
283. 少花狸藻(小狸藻)*Utricularia exoleta*	沉水	sol		un						un
284. 黄花狸藻 *Utricularia aurea*	沉水	sol	sol	sol		sol				sol
车前科 Plantaginaceae										
285. 车前 *Plantago asiatica*		sol	sol	sp		sol			sol	sp
忍冬科 Caprifoliaceae										
286. 金银花 *Lonicera japonica*				sol			sol			
桔梗科 Campanulaceae										
287. 兰花参 *Wahlenbergia marginata*		sol	sol	sol		sol	sol			
288. 半边莲 *Lobelia chinensis*	湿生	sol	sol	sp	un	sol	sol	sol	sol	sol
289. 安徽牧根草 *Asyneuma anhuiensis*							sol			
菊科 Compositae										
290. 豚草 *Ambrosia artemisiifolia*							sol	sol		
291. 鬼针草 *Bidens pilosa*		sol	sol	sp		sol	sol			sol
292. 狼把草 *Bidens frondosa*		sol	sol	sol			sp			
293. 豨莶 *Siegesbeckia orientalis*		sol	sol	sol		sol	sol			sol
294. 鳢肠(旱墨莲)*Eclipta prostrata*	湿生	sp	sp	sp		sp	sp			
295. 虾须草 *Sheareria nana*	湿生			sol			sol			
296. 全缘叶马兰 *Kalimeris integrifolia*				un			sol	sol	sol	sol
297. 毡毛马兰 *Kalimeris shimadai*	湿生		sol			sol				
298. 马兰 *Kalimeris indica*	湿生					sol				
299. 野菊 *Dendranthema indicum*		sol	sol	sol			sp			
300. 旋覆花 *Inula japonica*		sol	sol	sol		sol	sol		sol	
301. 小飞蓬 *Conyza canadensis*		sol	sol	sol		sol	sol	sol		sol
302. 野塘蒿 *Conyza bonariensis*		sol		sol			sol			
303. 一年蓬 *Erigeron annuus*			sol	sp		sol	sp			
304. 竹叶菊 *Tripolium vulgare*	湿生			sol			sol			
305. 三脉紫菀 *Aster ageratoides*	湿生	sol	sol	sol	sol	sol	sol	sol	sol	sol
306. 苍耳 *Xanthium sibiricum*		sol	sol	sol	sol	sol	sol	sol	sol	sol

续附录 3

种类名称	生态	龙感湖	黄湖	泊湖	武昌湖	破罡湖	菜子湖	白荡湖	枫沙湖	陈瑶湖
307. 天名精 *Carpesium abrotanoides*				sol			sol			
308. 石胡荽 *Centipeda minima*	湿生	sol	sol	sol	sol	sol	sol		sol	
309. 茵陈蒿 *Artemisia capillaris*		sol		sol	sol		sol			sol
310. 青蒿 *Artemisia caruifolia*			sol		sol		sol			
311. 艾蒿 *Artemisia argyi*		sol	sol	sol	sol	sol	sol	sol	sol	
312. 野艾蒿 *Artemisia lavandulaefolia*		sol		sp			sol		sol	sol
313. 黄花蒿 *Artemisia annua*		sol	sol	sol	sol	sol	sol			sol
314. 蒌蒿(水蒿)*Artemisia selengensis*	湿生	sol	sol	sol			sol		sol	
315. 白苞蒿 *Artemisia lactiflora*			sol	sol			sol			
316. 红足蒿 *Artemisia rubripes*		sol	sol	sol		sol	sol	sol	sol	sol
317. 细叶鼠曲草(白背鼠曲草)*Gnaphalium japonicum*				sol			sol			
318. 鼠曲草 *Gnaphalium affine*		sol	sol	sol		sol	sol			
319. 秋鼠由草 *Gnaphalium hypoleucum*							sol			
320. 泥胡菜 *Hemistepta lyrata*	湿生		sol	sol			sol		sol	sol
321. 飞廉 *Carduus crispus*							sol			
322. 刺儿菜 *Cirsium setosum*		sol	sol	sol	sol	sol	sol	sol	sol	sol
323. 山苦荬(苦菜)*Ixeris chinensis*		sol	sol	sol			sol			
324. 苦荬菜 *Ixeris denticulata*		sol	sol	sol	sol		sol			
325. 抱茎苦荬菜 *Ixeris sonchifolia*		sol	sol	sol			sol	sol		
326. 蒲公英 *Taraxacum mongolicum*		sol	sol	sol	sol	sol	sol	sol	sol	sol
327. 稻槎菜 *Lapsana apogonoides*	湿生	sol	sol	sol		sol	sol		sol	
328. 莴苣 *Lactuca sativa*		sol	sol	sol	sol	sol	sol	sol	sol	sol
单子叶植物 MONOCTYLEDONEA										
泽泻科 Alismataceae										
329. 弯喙慈菇 *Sagittaria latifolia*	挺水	un	un							un
330. 华夏慈菇(慈菇)*Sagittaria trifolia* var. *sinensis*	挺水	sp	sp	sp	sol	sol	sol	sol		sol
331. 长瓣慈菇 *Sagittaria trifolia* var. *sinensis* f. *longiloba*	挺水			un						
332. 矮慈菇 *Sagittaria pygmaea*	湿生	sol	sol	sol	sol	sol	sol	sol	sol	sol
333. 冠果草 *Lophotocarpus guyanensis*	挺水						un			
水鳖科 Hydrocharitaceae										
334. 黑藻 *Hydrilla verticillata*	沉水	cop^{3}	sp	sol	sol	un	cop^{3}	sp		sol
335. 苦草 *Vallisneria natans*	沉水	sp	cop^{2}	cop^{2}	sp	sp	cop^{1}	sp	cop^{2}	sol
336. 水车前 *Ottelia alismoides*	沉水			sol						
337. 水鳖 *Hydrocharis dubia*	漂浮	sol	sol	sol		sol	sol			sol
眼子菜科 Potamogetonaceae										
338. 小叶眼子菜 *Potamogeton cristatus*	沉水	un		un			un			

续附录 3

种类名称	生态	龙感湖	黄湖	泊湖	武昌湖	破罡湖	菜子湖	白荡湖	枫沙湖	陈瑶湖
339. 马来眼子菜 *Potamogeton malaianus*	沉水	cop^2	cop^2	sol		sol	sp			
340. 微齿眼子菜 *Potamogeton maackianus*	沉水					sol	un			
341. 菹草 *Potamogeton crispus*	沉水	sp	sol			un	sol			
342. 线叶眼子菜 *Potamogeton pusillus*	沉水	un								
茨藻科 Najadaceae										
343. 大茨藻 *Najas marina*	沉水					sol		un		un
344. 小茨藻 *Najas minor*	沉水			sol		sol	sol			
345. 多孔茨藻 *Najas foveolata*	沉水					un				
346. 草茨藻 *Najas graminea*	沉水						sol			
百合科 Liliaceae										
347. 麦冬 *Ophiopogon japonicus*	湿生						un			
348. 菝葜 *Smilax china*		un					un			
石蒜科 Amaryllidaceae										
349. 石蒜(龙爪花) *Lycoris radiata*	湿生						sol			
雨久花科 Pontederiaceae										
350. 雨久花 *Monochoria korsakowii*	湿生	un			un	un	un			
351. 鸭舌草 *Monochoria vaginalis*	湿生	un			un	un	un	un		
352. 少花鸭舌草 *Monochoria vaginalis* var. *plantaginea*	湿生	un				un				
353. 凤眼莲(水葫芦) *Eichhornia crassipes*	漂浮	sol								
灯心草科 Juncaceae										
354. 野灯心草 *Juncus setchuensis*	湿生	sol		sol			sol			
鸭跖草科 Commelinaceae										
355. 鸭跖草 *Commelina communis*		un		sol		un	un			
356. 饭包草(火柴头) *Commelina benghalensis*							un			
357. 水竹叶 *Murdannia triquetra*	湿生						sol			
358. 疣草 *Murdannia keisak*	湿生			sp			sol			
谷精草科 Eriocaulaceae										
359. 谷精草 *Eriocaulon buergerianum*	湿生	un		un		un	un			
禾本科 Gramineae										
360. 毛竹 *Phyllostachys edulis*							sol			
361. 早竹 *Phyllostachys praecox*				sol			sol			
362. 稻 *Oryza sativa*	挺水	cop	cop	cop	cop	cop	cop	cop	cop	cop
363. 假稻 *Leersia japonica*	湿生		sol			un				
364. 菰(茭草) *Zizania caduciflora*	挺水	soc	soc	cop^3	soc	cop^2	sp	sol		soc
365. 芦竹 *Arundo donax*	湿生	sol		sol						sol
366. 芦苇 *Phragmites australis*	挺水	sp	sp	sol	sol	sol	sol	sol		sp
367. 山类芦 *Neyraudia montana*	湿生						sol			
368. 白顶早熟禾 *Poa acroleuca*	湿生	sol								

续附录 3

种类名称	生态	龙感湖	黄湖	泊湖	武昌湖	破罡湖	菜子湖	白荡湖	枫沙湖	陈瑶湖
369. 早熟禾 *Poa annua*		sol		sol		sol	sol		sol	sol
370. 多花黑麦草 *Lolium multiflorum*		sol								
371. 疏花雀麦 *Bromus remotiflorus*		sol	sol	sol		sol				
372. 雀麦 *Bromus japonicus*		sol	sol	sol		sol	sol	sol		
373. 鹅观草 *Roegneria kamoji*	湿生	un	un				un			
374. 小麦 *Triticum aestivum*		cop^3	cop^3	cop^3	cop^3	cop^3	cop^3	cop^3	cop^3	cop^3
375. 虉草 *Phalaris arundinacea*	湿生	sol		sol			sol	sp	sp	sol
376. 鬼蜡烛 *Phleum paniculatum*	湿生						sp			
377. 看麦娘 *Alopecurus aequalis*		sol	sol	sol	sol	sol	sol	sol	sol	sol
378. 菵草(水稗) *Beckmannia syzigachne*	湿生	sol	sol	sol		sol	sol	sol	sol	sol
379. 知风草 *Eragrostis ferruginea*		sol	sol	sol						
380. 画眉草 *Eragrostis pilosa*		un		un		un	un			
381. 乱草 *Eragrostis japonica*		un		un			un			
382. 千金子 *Leptochloa chinensis*	湿生	un		un			un			
383. 牛筋草(蟋蟀草) *Eleusine indica*		un	un	un		un	sol			
384. 狗牙根 *Cynodon dactylon*		sol	sol	sol	sol	sol	sol	sol	sol	sol
385. 乱子草 Muhlenbergia hugelii	湿生						sol			
386. 鼠尾粟 *Sporobolus fertilis*		un	un				un			
387. 中华结缕草 *Zoysia sinica*	湿生	sol		sp			sol			
388. 柳叶箬 *Isachne globosa*	湿生	sol	sol	sol		sol	sol			sol
389. 囊颖草 *Sacciolepis indica*	湿生	un		un			un			
390. 光头稗 *Echinochloa colonum*	湿生	sol	sp	sol	sol	sol	sol	sol	sol	sol
391. 稗子 *Echinochloa crusgalli*	湿生	sol	sp	sol	sol	sol	sol	sol	sol	sol
392. 长芒稗 *Echinochloa caudata*	湿生	cop^1	sol	cop^1	sol	sol	sp	sp	sol	sol
393. 水田稗 *E. oryzoides*	湿生	sol	sp	sol	sol	sol	sp	sol	sol	sol
394. 雀稗 *Paspalum thumbergii*	湿生	sol	sol	sol	sol	sol	sol			sol
395. 紫马唐 *Digitaria violascens*		sol	un	sol	sol	sol	sol	sol	sol	sol
396. 马唐 *Digitaria sanguinalis*		sol	sol	sol	sol	sol	sol	sol	sol	sol
397. 大狗尾草 *Setaria faberii*		sp	sol	sp		sol	sp	sol		sol
398. 金色狗尾草 *Setaria glauca*		sol		sp			sp			sol
399. 狗尾草 *Setaria viridis*		sol	sol	sp		sol	sp	sol		sol
400. 狼尾草 *Pennisetum alopecuroides*		sol	sol	sol		sol	sol		sol	sol
401. 五节芒 *Miscanthus floridulus*	湿生	sol					sol			
402. 芒 *Miscanthus sinensis*		sol		sol			sol			
403. 荻 *Miscanthus sacchariflorus*	湿生	sp		sp			sp			
404. 白茅 *Imperata cylindrica* var. *major*	湿生	sp	sp	sp	sp		sp			
405. 斑茅 *Saccharum arundinaceum*	湿生			sol			sol			
406. 金茅 *Eulalia speciosa*		sol	sol	sol			sol			
407. 牛鞭草 *Hemarthria altissima*	湿生						sol			

续附录 3

种类名称	生态	龙感湖	黄湖	泊湖	武昌湖	破罡湖	菜子湖	白荡湖	枫沙湖	陈瑶湖
408. 荩草 *Arthraxon hispidus*	湿生	sol	sol	sol	sol	sol	sol			
409. 白羊草 *Bothriochloa ischaemum*							cop^{1}			
410. 苡薏 *Coix lacryma-jobi*						un				
411. 玉米 *Zea mays*		sol	sol	sol		sol	sol			sol
棕榈科 Palmae										
412. 棕榈 *Trachycarpus fortunei*		un	un	un			sol			un
天南星科 Araceae										
413. 菖蒲 *Acorus calamus*	挺水			sol			sol			
414. 大薸 *Pistia stratiotes*	漂浮	sol	sol	sol		sol	sol			sol
浮萍科 Lemnaceae										
415. 紫萍 *Spirodela polyrrhiza*	漂浮	sol	sol	sol		sol	sol	sol		sol
416. 品藻 *Lemna trisulca*	漂浮			un						
417. 浮萍(青萍)*Lemna minor*	漂浮	sp	sp	sp		sol	sol		sol	sol
418. 稀脉浮萍 *Lemna perpusilla*	漂浮	sol		sol						
419. 芜萍(无根萍)*Wolffia arrhiza*	漂浮	sol		sol	sol	sol	sol			sol
香蒲科 Typhaceae										
420. 香蒲 *Typha orientalis*	挺水	cop^{3}	cop^{2}	cop^{1}	sol	sol	cop^{2}	un		sol
421. 长苞香蒲 *Typha angustata*	挺水						sp			
422. 水烛 *Typha angustifolia*	挺水						sp			
莎草科 Cyperaceae										
423. 荆三棱 *Bolboschoenus yagara*	湿生	cop^{2}					cop^{1}			sp
424. 水葱 *Schoenoplectus lacustris* subsp. *validus*	挺水						cop^{1}			
425. 水毛花 *Schoenoplectus mucronatus* subsp. *robustus*	挺水	cop^{1}	cop^{1}	sp						cop^{3}
426. 龙须草 *Baeothryon subcapitatum*	湿生	cop^{1}	cop^{1}	sol			sol			
427. 荸荠 *Heleocharis dulcis* var. *tuberosa*	挺水	cop^{1}		sol			cop^{1}			
428. 牛毛毡 *Eleocharis yokoscensis*	湿生	sol	sol	sol	sol	sol	sol	sol	sol	sol
429. 龙师草 *Eleocharis tetraquetra*	湿生	cop^{1}		sol			sol			
430. 密花荸荠 *Eleocharis congesta*	湿生			sol			sol			
431. 江南荸荠 *Eleocharis migoana*	湿生	cop^{2}	sol				sol			
432. 黑果飘拂草 *Fimbristylis cymosa*	湿生	sol		sol						
433. 水虱草 *Fimbristylis miliacea*	湿生	sol		sol			sp			
434. 五棱秆飘拂草 *Fimbristylis quinquangularis*	湿生	sol					sol			
435. 两歧飘拂草 *Fimbristylis dichotoma*	湿生	sol		sol			sp			
436. 刺子莞 *Rhynchospora rubra*							sp			
437. 水蜈蚣 *Kyllinga brevifolia*	湿生	sol	sol	sol			sol			sol
438. 毛轴莎草 *Cyperus pilosus*	挺水	sol								

续附录 3

种类名称	生态	龙感湖	黄湖	泊湖	武昌湖	破罡湖	菜子湖	白荡湖	枫沙湖	陈瑶湖
439. 高杆莎草 *Cyperus exaltatus*	挺水						cop^1			
440. 莎草(香附子)*Cyperus rotundus*		sp	sp	sp		sp	sp	sp	sp	sp
441. 碎米莎草 *Cyperus iria*	湿生	sol		sp			sol			
442. 具芒碎米莎草 *Cyperus microiria*	湿生						cop^1			
443. 窄穗莎草 *Cyperus tenuispica*				sol			sol			
444. 畦畔莎草 *Cyperus haspan*	湿生	sol	sp	sol			sol			
445. 矮莎草 *Cyperus pygmaeus*	湿生						cop^1			
446. 水莎草 *Juncellus serotinus*	湿生	sol								
447. 球穗扁莎 *Pycreus flavidus*	湿生	sp	sp	sp			sp			
448. 尖嘴薹草 *Carex leiorhyncha*		sol		sol			sol			
449. 单性薹草 *Carex unisekualis*	湿生					sol				
450. 卵果薹草 *Carex maackii*	湿生						sol			
451. 陌上菅 *Carex thunbergii*	湿生						cop^1			
452. 翻枝薹草 *Carex cinerascens*	湿生			sol			sol			sol
453. 垂穗薹草 *Carex dimorpholepis*	湿生						cop^1			
454. 三穗薹草 *Carex tristacha*							sp			sp
455. 亚大薹草 *Carex brownii*							cop^1			
456. 单蕊薹草 *Carex subtumida*	湿生						sol			
457. 红穗薹草 *Carex argyi*	湿生						cop^1			
芭蕉科 Musaceae										
458. 芭蕉 *Musa basjoo*							un			
美人蕉科 Cannaceae										
459. 大花美人蕉 *Canna generalis*		sol	sol				sol		sol	sol

注:德鲁提多度:soc 密闭,背景化>90%;cop^3,很多 75%~90%;cop^2 多,50%~75%;cop^1,尚多,25%~50%;sp 不多,散布,<25%;sol 偶见<5%;un 仅见 1 株。

附录 4　安庆沿江湿地主要湖泊底栖动物

种类	龙感湖	黄大湖	泊湖	武昌湖	破罡湖	菜子湖	白荡湖	枫沙湖	陈瑶湖
环节动物 ANNELIDA									
多毛纲 POLYCHAETA									
游走目 Errantia									
银蚕科 Nephthydidae									
1. 齿吻沙蚕 *Nephthys* sp.	√	√	√			√			
寡毛纲 OLIGOCHAETA									
近孔目 Plesiopora									
仙女虫科 Naididae									
2. 头鳃虫 *Branchiodrilus* sp.	√								
3. 吻盲虫 *Pristina* sp.				√					
4. 杆吻虫 *Slylaria* sp.				√					
颤蚓科 Tubificidae									
5. 苏氏尾鳃蚓 *Branchiura sowerbyi*	√	√	√	√	√	√	√	√	√
6. 中华颤蚓 *Tubifex sinicus*	√	√	√		√	√	√		
7. 管水蚓 *Aulodrilus prothecatus*	√	√				√			
8. 霍甫水丝蚓 *Limnodrilus hoffmeisteri*	√	√	√	√		√	√		
蛭纲 HIRUDINEA									
吻蛭目 Rhynchobdellida									
扁蛭科 Glossiphonidae									
9. 扁蛭 *Glossiphonia complanata*	√	√	√		√	√	√		
10. 宽身扁蛭 *Glossiphonia Lata*					√				
11. 医蛭 *Hirudo* sp.						√			
软体动物 MOLLUSCA									
腹足纲 GASTROPODA									
中腹足目 Mesogastropoda									
田螺科 Viviparidae									
12. 中国圆田螺 *Cipangopaludina sinensis*		√							
13. 中华圆田螺 *Cipangopaludina cathayensis*	√			√		√			
14. 方形环棱螺 *Bellamya quadrata*	√		√	√		√			
15. 铜锈环棱螺 *Bellamya aeruginosa*	√	√	√	√	√	√	√	√	√
16. 梨形环棱螺 *Bellamya purificate*	√	√	√	√	√	√	√	√	
觽螺科 Hydrobiidae									
17. 光滑狭口螺 *Stenothyra glabra*	√						√		
18. 湖北钉螺 *Oncomelania hupensis*	√	√				√			
19. 长角涵螺 *Alocinma longicornis*	√	√	√	√	√	√	√	√	√
20. 赤豆螺 *Bithynia fuchsiana*			√	√					
21. 中华沼螺 *Parafossarulus sinensis*						√			
22. 纹沼螺 *Parafossarulus striatulus*	√	√	√	√		√		√	
23. 大沼螺 *Parafossarulus eximius*						√			
黑螺科 Melaniidae									
24. 方格短沟蜷 *Semisulcospira cancellata*	√	√	√	√	√	√	√	√	√
基眼目 Basommatophore									

续附录 4

种类	龙感湖	黄大湖	泊湖	武昌湖	破罡湖	菜子湖	白荡湖	枫沙湖	陈瑶湖
膀胱螺科 Physidae									
25. 泉膀胱螺 *Physa fontinalis*				√					
椎实螺科 Lymnaeidae									
26. 耳萝卜螺 *Radix auricularia*			√						
27. 椭圆萝卜螺 *Radix swinboei*	√			√	√	√		√	
28. 狭萝卜螺 *Radix lagotis*	√								
29. 卵萝卜螺 *Radix ovata*	√								
扁蜷螺科 Planorbidae									
30. 白旋螺 *Gyraulus albus*		√							
31. 大脐圆扁螺 *Hippeutis umbilicalis*	√					√			
32. 尖口圆扁螺 *Hippeutis cantori*	√								
瓣鳃纲 LAMELLIBRANCHIA									
异柱目 Anisomyaria									
贻贝科 Mytilidae									
33. 淡水壳菜 *Limnoperna lacustris*	√	√	√	√	√	√		√	
真瓣鳃目 Eulamellibranchia									
蚌科 Unionidae									
34. 圆顶珠蚌 *Unio douglasiae*	√	√	√		√	√		√	
35. 扭蚌 *Arconaia lanceolata*		√	√			√			
36. 圆头楔蚌 *Cuneopsis heudei*				√					
37. 三角帆蚌 *Hyriopsis cumingii*	√	√		√		√			
38. 短褶矛蚌 *Lanceolaria grayana*			√			√			
39. 剑状矛蚌 *Lanceolaria gladiola*		√	√			√			
40. 真柱状矛蚌 *Lanceolaria eucylindrica*						√			
41. 射线裂脊蚌 *Schistodesmus lamprey-anus*			√			√			
42. 背瘤丽蚌 *Lamprotula leai*	√		√	√		√			
43. 洞穴丽蚌 *Lamprotula caveata*		√				√			
44. 楔形丽蚌 *Lamprotula bazini*			√						
45. 背角无齿蚌 *Anodonla woodiana*	√	√	√	√		√			
46. 圆背角无齿蚌 *Anodonla wpacifica*		√							
47. 蚶形无齿蚌 *Anodonla arcaeformis*		√							
48. 球形无齿蚌 *Anodonla globosula*						√			
49. 褶纹冠蚌 *Crista plicata*	√	√	√	√		√			
50. 高顶鳞皮蚌 *Lepidodesma languilati*			√	√					
截蛏科 Solecurtidae									
51. 中国淡水蛏 *Novaculina chinensis*	√	√							
蚬科 Corbiculidae									
52. 河蚬 *Corbicula fluminea*	√	√	√	√	√	√	√	√	√
53. 刻纹蚬 *Corbicula largillierti*			√						

续附录 4

种类	龙感湖	黄大湖	泊湖	武昌湖	破罡湖	菜子湖	白荡湖	枫沙湖	陈瑶湖
54. 闪蚬 *Corbicula nitens*				√					
球蚬科 Sphaeriidae									
55. 湖球蚬 *Sphaerium lacustre*				√					
节肢动物 ARTHROPODA									
甲壳纲 CRUSTACEA									
端足目 Amphipoda									
钩虾科 Gammaridae									
56. 钩虾 *Gammarus* sp.	√	√							
十足目 Decapoda									
匙指虾科 Atyidae									
57. 细足米虾 *Caridina nilotica*				√					
58. 中华新米虾 *Neocaridina denticulata*	√			√					
长臂虾科 Palaemonidae									
59. 秀丽白虾 *Palaemon modestus*	√			√					
60. 日本沼虾 *Macrodrachium nipponensis*	√		√	√	√	√			
螯虾科 Astacidae									
61. 克氏原螯虾 *Cambarus clarkii*			√			√			
方蟹科 Grapsidae									
62. 中华绒螯蟹 *Eriocheir sinensis*	√	√	√	√	√	√	√	√	√
华溪蟹科 Sinopotamidae									
63. 长江华溪蟹 *Sinopotamon angtsekiense*			√						
昆虫纲 INSECTA									
蜉蝣目 Pterygota									
蜉蝣科 Ephemeridae									
64. 蜉蝣 *Ephemera* sp.		√		√		√	√		
蜻蜓目 Odonata									
长足蜻科 Macromiidae									
65. 长蜻 *Azuma* sp.								√	
螅科 Caenagrionidae									
66. 螅 *Caenagrion* sp.		√			√		√		
67. 瘦螅 *Ischnura* sp.						√			
毛翅目 Trichoptera									
纹石蚕科 Hydropsychidae									
68. 纹石蚕 *Diplectrona* sp.					√	√			
长角石蚕科 Leptoceridae									
69. 长角石蚕 *Leptocerus* sp.		√							
鞘翅目 Coleoptera									
龙虱科 Dytiscidae									
70. 黄边龙虱 *Dytiscus* sp.	√								
沼梭科 Haliplidae									

续附录 4

种类	龙感湖	黄大湖	泊湖	武昌湖	破罡湖	菜子湖	白荡湖	枫沙湖	陈瑶湖
71. 沼梭 *Haliplus* sp.	√								
双翅目 Diptera									
虻科 Tabanidae									
72. 虻 *Tabanus* sp.						√			
摇蚊科 Chironomidae									
73. 前突摇蚊 *Procladius* sp.						√			
74. 粗腹摇蚊 *Pelopia* sp.									√
75. 菱跗摇蚊 *Clinotanyus* sp.	√	√	√	√	√	√	√		
76. 流水长跗摇蚊 *Rheotanytarsus* sp.	√			√		√		√	
77. 隐摇蚊 *Cryptochironomus* sp.	√	√	√	√		√			
78. 细长摇蚊 *Tendipus attenuatus*	√					√			√
79. 羽摇蚊 *Tendipus plumosus*	√	√		√			√		
80. 异腹鳃摇蚊 *Tendipus insolita*	√								
81. 变突异唇摇蚊 *Spaniotoma akamusi*	√								
82. 多足摇蚊 *Polypedilum* sp.			√			√			
83. 毛突摇蚊 *Trichocladius* sp.						√			
84. 侧叶雕翅摇蚊 *Glyptotendipes lobiferus*						√			
85. 罗干小突摇蚊 *Micropsectra logana*						√			
蠓科 Ceratopogonide									
86. 蠓蚊幼虫 *Probezzia* sp.						√			

附录5 菜子湖2009年夏季湿地昆虫

蜻蜓目 Odonata

色蟌科 Calopterygidae

1. 烟翅绿色蟌 *Mnais mneme*

蜻科 Libellulidae

2. 红蜻 *Crocothemis servilia*
3. 褐肩灰蜻 *Orthetrum internum*

蜚蠊目 Blattodea

蜚蠊科 Blattidae

4. 黑胸大蠊 *Periplaneta fuliginosa*

姬蠊科 Blattellidae

5. 德国小蠊 *Blattella germanica*

等翅目 Isoptera

白蚁科 Termitidae

6. 黑翅土白蚁 *Odontotermes formosanus*

螳螂目 Mantodea

螳螂科 Mantidae

7. 棕污斑螳 *Statilia maculata*

革翅目 Dermaptera

蠼螋科 Labiduridae

8. 河岸蠼螋 *Labidura riparia*

直翅目 Opthoptera

锥头蝗科 Pyrgomorphidae

9. 短额负蝗 *Atractomorpha sinensis*

斑腿蝗科 Catantopidae

10. 长翅稻蝗 *Oxya velox*

蚱科 Tetrigidae

11. 日本蚱 *Tetrix japonicum*

蟋蟀科 Gryllidae

12. 迷卡斗蟋 *Velarifictorus micado*

蝼蛄科 Gryllotalpidae

13. 非洲蝼蛄 *Gryllotalpa africana*

半翅目 Hemiptera

飞虱科 Delphacidae

14. 褐飞虱 *Nilaparvata lugens*

黾蝽科 Gerridae

15. 水黾 *Aquarium paludum*

蝎蝽科 Nepidae

16. 卵园蝎蝽 *Nepa chinensis*

猎蝽科 Reduviidae

17. 黄足猎蝽 *Sirthenea flavipes*

盲蝽科 Miridae

18. 中黑盲蝽 *Adelphocoris suturalis*

姬蝽科 Nabidae

19. 宽腹姬蝽 *Nabis reuteri*

20. 暗色姬蝽 *Nabis stenoferus*

长蝽科 Lygaeidae

21. 小长蝽 *Nysius ericae*

红蝽科 Pyrrhocoridae

22. 二点红蝽 *Physopelta cincticollis*

蛛缘蝽科 Alydidae

23. 中稻缘蝽 *Leptocorisa chinensis*

脉翅目 Neuroptera

草蛉科 Chrysopidae

24. 大草蛉 *Chrysopa septempunctata*

鞘翅目 Coleoptera

步甲科 Carabidae

25. 黄缘青步甲 *Chlaenius spoliatus*

隐翅甲科 Staphylinidae

26. 小红隐翅甲 *Paederus idae*

瓢虫科 Coccinellidae

27. 七星瓢虫 *Coccinella septempunctata*

28. 异色瓢虫 *Harmonia axyridis*

29. 龟纹瓢虫 *Propylaea japonica*

30. 大红瓢虫 *Rodolia rufopilosa*

芫菁科 Meloidae

31. 光端豆芫菁 *Epicauta ruficeps*

金龟科 Scarabaeidae

32. 神农洁蜣 *Catharsius molossus*

鳃金龟科 Melolonthidae

33. 华北大黑鳃金龟 *Holotrichia oblita*

34. 暗黑鳃金龟 *Holotrichia parallela*

35. 黑绒金龟 *Serica orientalis*

丽金龟科 Rutelidae

36. 铜绿丽金龟 *Anomala corpulenta*

犀金龟科 Dynastidae

37. 华扁犀金龟 *Eophileurus chinensis*

花金龟科 Cetoniidae ·

38. 白星花金龟 *Potosia brevitarsis*

天牛科 Cerambycidae

39. 杨红颈天牛 *Aromia bungii*

40. 云斑白条天牛 *Batocera horsfieldi*

叶甲科 Chrysomelidae

41. 杨叶甲 *Chrysomela populi*

42. 薄荷金叶甲 *Chrysolina exanthematica*

43. 蓼蓝齿胫叶甲 *Gastrophysa atrocyanea*

44. 黄守瓜 *Aulacophora femoralis*

45. 蓝跳甲 *Alticacyanea*

46. 曲条菜跳甲 *Phyllotreta vittata*

象虫科 Curculionidae

47. 蓝绿象甲 *Hypomeces squamosus*

双翅目 Diptera

虻科 Tabanidae

48. 中华斑虻 *Chrysops sinensis*

食蚜蝇科 Syrphidae

49. 狭带贝食蚜蝇 *Betasyrphus serarius*

50. 中斑黑带食蚜蝇 *Episyrphus balteatus*

螫蝇科 Stomoxyidae

51. 厩螫蝇 *Stomoxys calcitrans*

膜翅目 Hymenoptera

赤眼蜂科 Trichogrammatidae

52. 玉米螟赤眼蜂 *Trichogramma ostriniae*

蜾蠃蜂科 Eumenidae

53. 中华异喙蜾蠃 *Allorhynchium chinensis*

蚁科 Formicidae

54. 小家蚁 *Monamorium pharaonis*

蜜蜂科 Apidae

55. 意大利蜜蜂 *Apis mellifera*

鳞翅目 Lepidoptera

刺蛾科 Limacodidae

56. 黄刺蛾 *Cnidocampa flavescens*

57. 褐边绿刺蛾 *Latoia consocia*

螟蛾科 Pyralidae

58. 二化螟 *Chilo suppressalis*

59. 三化螟 *Tryporyza incertulas*

尺蛾科 Geometridae

60. 枣尺蠖 *Chihuo zao*

天蛾科 Sphingidae

61. 豆天蛾 *Clanis bilineata*

凤蛾科 Epicopeiidae

62. 榆凤蛾 *Epicopeia mencia*

弄蝶科 Hesperiidae

63. 稻弄蝶 *Parnara guttata*

64. 稻眉眼蝶 *Mycalesis gotoma*

灰蝶科 Lycaenidae

65. 黄灰蝶 *Japonica lutea*

66. 小灰蝶 *Zizeeria maha*

粉蝶科 Pieridae

67. 斑缘豆粉蝶 *Colias erate*

68. 菜粉蝶 *Pieris rapae*

凤蝶科 Papilionidae

69. 麝凤蝶 *Byasa alcinous*

70. 柑橘凤蝶 *Papilio xuthus*

附录 6　安庆沿江湿地主要湖泊鱼类

种类	龙感湖	黄大湖	泊湖	武昌湖	白荡湖	菜子湖	陈瑶湖
鲟形目 Acipenseriformes							
鲟科 Acipenseridae							
1. 达氏鲟 *Acipenser dabryanus*			△				
鲱形目 Clupeiformes							
鳀科 Engraulidae							
2. 长颌鲚 *Coilia ectenes*			△				
3. 短颌鲚 *Coilia brachygnathus*	+	+	▲	+	+	√	+
鲱科 Clupeidae							
4. 鲥鱼 *Tenualosa reevesii*						△	
胡瓜鱼目 Osmeriformes							
银鱼科 Salangidae							
5. 长江银鱼 *Hemisalanx brachyrostralis*	+	+	▲			+	
6. 太湖新银鱼 *Neosalanx taihuensis*	+	+	▲	+	+	√	
7. 寡齿新银鱼 *Neosalanx oligodontis*	+	+	▲	+	+	○	
鳗鲡目 Anguilliformes							
鳗鲡科 Anguillidae							
8. 日本鳗鲡 *Anguilla japonica*	+	+	▲			●	
鲤形目 Cypriniformer							
胭脂鱼科 Catostomidae							
9. 胭脂鱼 *Myxocyprinus asiaticus*			△			△	
鲤科 Cyprinidae							
鲌亚科 Danioninae							
10. 宽鳍鱲 *Zacco platypus*	+	+				●	
11. 马口鱼 *Opsariichthys bidens*	+	+	▲			●	
12. 中华细鲫 *Aphyocypris chinensis*						●	
雅罗鱼亚科 Leuciscinae							
13. 青鱼 *Mylopharyngodon piceus*	√	√	√	√	√	√	√
14. 草鱼 *Ctenopharyngodon idellus*	√	√	√	√	√	√	√
15. 赤眼鳟 *Squaliobarbus curriculus*	+	+	▲	+	+	●	
16. 鳤 *Ochetobius elongates*	+	+	▲		+	△	
17. 鳡 *Elopichthys bambusa*	+	+	▲		+	●	
鲴亚科 Xenocyprinae							
18. 银鲴 *Xenocypris argentea*	+	+	▲	+	+	√	+
19. 细鳞鲴 *Xenocypris microlepis*	+	+	▲	+	+	√	+
20. 黄尾鲴 *Xenocypris davidi*	+	+	▲	+	+	√	+
21. 湖北圆吻鲴 *Distoechodon hupeinensis*	+	+	+			●	
22. 似鳊 *Pseudobrama simoni*	+	+	▲			●	
鲢亚科 Hypophthalmichthinae							
23. 鲢 *Hypophthalmichthys molitrix*	√	√	√	√	√	√	√
24. 鳙 *Aristichys nobilis*	√	√	√	√	√	√	√

续附录 6

种类	龙感湖	黄大湖	泊湖	武昌湖	白荡湖	菜子湖	陈瑶湖
鱊亚科 Acheilognathinae							
25. 中华鳑鲏 *Rhodeus sinensis*			△			●	
26. 高体鳑鲏 *Rhodeus ocellatus*	+	+	+	+	+	√	+
27. 方氏鳑鲏 *Rhodeus fangi*	+	+	+	+	+	+	+
28. 彩石鳑鲏 *Rhodeus lighti*	+	+	+	+	+	√	+
29. 大鳍鱊 *Acheilognathus macropterus*	+	+	▲	+	+	+	
30. 短须鱊 *Acheilognathus larbatulus*	+	+	+				
31. 越南鱊 *Acheilognathus tonkinensis*	+	+	+				
32. 兴凯鱊 *Acheilognathus chankaensis*	+	+	+			●	
33. 斑条鱊 *Acheilognathus taenianalis*			△				
34. 寡鳞鱊 *Acheilognathus hypselonotus*			△				
35. 彩副鱊 *Paracheilognathus imberbis*	+	+	+	+	+	+	+
鲌亚科 Cultrinae							
36. 飘鱼 *Pseudolaubuca sinensis*	+	+	+	+	+	√	+
37. 鳘 *Hemiculter leucisculus*	+	+	▲	+	+	√	+
38. 贝氏鳘 *Hemiculter bleekeri*	+	+	▲	+	+	√	+
39. 红鳍原鲌 *Cultrichthys erythropterus*	+	+	▲	+	+	√	+
40. 翘嘴鲌 *Culter alburnus*	+	+	▲	+	+	√	
41. 蒙古鲌 *Culter mongolicus*	+	+	▲	+	+	√	
42. 尖头鲌 *Culter oxycephalus*	+	+	▲			●	
43. 达氏鲌(青梢鲌)*Culter dabryi*	+	+	▲	+	+	√	+
44. 拟尖头鲌 *Culter oxycephaloides*	+						
45. 鳊 *Parabramis pekinensis*	+	+	▲	+	+	√	+
46. 鲂 *Megalobrama skolkovii*	+	+	▲	+	+	√	+
47. 团头鲂 *Megalobrama amblycephala*	+	+	▲	+	+	√	+
48. 南方拟鳘 *Pseudohemiculter dispar*						○	
49. 似鲚 *Toxabramis swinhonis*	+	+	▲	+	+	√	+
鮈亚科 Gobioninae							
50. 花䱻 *Hemibarbus maculatus*	+	+	▲	+	+	√	
51. 似刺鳊鮈 *Paracanthobrama guichenot*	+	+	▲		+	●	
52. 麦穗鱼 *Pseudorasbora parva*	+	+	▲	+	+	√	+
53. 华鳈 *Sarcocheilichthys sinensis*	+	+	▲	+	+	√	+
54. 江西鳈 *Sarcocheilichthys kiangsiensis*	+						
55. 黑鳍鳈 *Sarcocheilichthys nigripinnis*	+	+	▲	+		●	
56. 银鮈 *Squalidus argentatus*	+	+	▲	+	+	+	+
57. 亮银鮈(西湖银鮈)*Squalidus nitens*	+	+	—				
58. 铜鱼 *Coreius heterodon*	+	+	▲		+		
59. 吻鮈 *Rhinogobio typus*	+	+	+	+	+	√	+
60. 乐山小鳔鮈 *Microphysogobio kiatingensis*	+	+	+				
61. 棒花鱼 *Abbottina rivularis*	+	+	▲	+	+	√	+

续附录 6

种类	龙感湖	黄大湖	泊湖	武昌湖	白荡湖	菜子湖	陈瑶湖
62. 蛇鮈 *Saurogobio dabryi*	+	+	▲			●	
63. 光唇蛇鮈 *Saurogobio gymnocheilus*	+	+				●	
鲤亚科 Cyprininae							
64. 鲤鱼 *Cyprinus carpio*	+	+	√	+	+	√	+
65. 鲫鱼 *Carassius auratus*	+	+	√	+	+	√	+
鳅科 Cobitidae							
花鳅亚科 Cobitinae							
66. 泥鳅 *Misgurnus anguillicaudatus*	+	+	√	+	+	√	+
67. 中华花鳅 *Cobitis sinensis*	+	+	+			●	
68. 武昌副沙鳅 *Parabotia banarescus*	+	+	+	+	+	+	+
69. 紫薄鳅 *Leptobotia taeniops*	+	+	+	+	+	√	+
鲇形目 Siluriformes							
胡子鲇科 Clariidae							
70. 胡子鲇 *Clarias fuscus*	+	+	+	+	+	√	+
鲇科 Siluridae							
71. 鲶 *Silurus asotus*	+	+	▲	+	+	+	+
72. 大口鲇 *Silurus meridionalis*	+	+	+			○	
鲿科 Bagridae							
73. 黄颡鱼 *Pelteobagrus fulvldraco*	+	+	▲	+	+	√	+
74. 瓦氏黄颡鱼 *Pelteobagrus vachelli*	+	+	▲	+		√	
75. 长须黄颡鱼 *Pelteobagrus eupogon*						○	
76. 细体拟鲿 *Pseudobagrus pratti*	+	+	+		+	+	
钝头鮠科 Amblycipitidae							
77. 黑尾鉠 *Libobagrus nigricauda*	+	+				●	
鳉形目 Cyprinodontiformes							
青鳉科 Oryziatidae							
78. 青鳉 *Oryzias latipes*	+	+	▲	+	+	√	+
颌针鱼目 Hemirhamphidae							
鱵科 Hemirhamphidae							
79. 鱵 *Hyporhamphus intermedius*	+	+	▲	+	+	√	+
颌鳃鱼目 Synbranchiformes							
颌鳃科 Synbranchidae							
80. 黄鳝 *Monopterus albus*	+	+	√	+	+	√	+
鲈形目 Perciformes							
鲈亚目 Percoidei							
鮨科 Serranidae							
81. 鳜 *Siniperca chuatsi*	+	+	√	+	+	√	+
82. 大眼鳜 *Siniperca kneri*	+	+					
83. 长身鳜 *Siniperca roulei*	+	+	+			○	
鰕虎鱼亚目 Gobioidei							

续附录 6

种类	龙感湖	黄大湖	泊湖	武昌湖	白荡湖	菜子湖	陈瑶湖
塘鳢科 Eleotridae							
84. 黄黝 *Hypseleotris swinhonis*	+	+	▲	+	+	√	+
85. 沙塘鳢 *Odontobutis obscura*	+	+	▲	+	+	√	+
鰕虎鱼科 Gobiidae							
86. 子陵栉鰕虎鱼 *Cetnogobius giurinus*	+	+	▲	+	+	√	+
87. 波氏栉鰕虎鱼 *Cetnogobius cliffordpopei*	+	+	+			●	
88. 粘皮鲻鰕虎鱼 *Mugilogobius myxodermus*	+	+	+				
攀鲈亚目 Anabantoidei							
斗鱼科 Belontiidae							
89. 圆尾斗鱼 *Macropodus chinensis*	+	+	▲	+	+	√	+
鳢科 Channidae							
90. 乌鳢 *Channa argus*	+	+	▲	+	+	√	+
刺鳅亚目 Mastacembeloidei							
刺鳅科 Mastacembelidae							
91. 刺鳅 *Mastacembelus aculeatus*	+	+	▲	+	+	√	+

注:△为历史上有分布;√为历史上有分布,且2001、2008年调查有记录;一为2001年调查有记录;▲为历史上有分布,2001年调查有记录;●为历史上有分布,2008年调查有记录。

附录 7　安庆沿江湿地两栖、爬行动物

动物名称	保护等级	IUCN 受胁等级	地理型
两栖纲 AMPHIBIA			
有尾目 Caudata			
隐鳃鲵科 Cryptobranchidae			
1. 大鲵 *Andrias davidianus*	Ⅱ	极危	广
蝾螈科 Salamandridae			
2. 东方蝾螈 *Cynops orientalis*			东
无尾目 Anura			
蟾蜍科 Bufonidae			
3. 中华大蟾蜍 *Bufo gargarizans*			广
雨蛙科 Hylidae			
4. 无斑雨蛙 *Hyla arborea immaculata*			广
5. 中国雨蛙 *Hyla chinensis*			东
蛙科 Ranidae			
6. 沼蛙 *Rana guentheri*			东
7. 日本林蛙 *Rana japonica*			东
8. 泽蛙 *Rana limnocharis*			东
9. 黑斑蛙 *Rana nigromaculata*		近危	广
10. 金线蛙 *Rana plancyi*			广
11. 虎纹蛙 *Rana tigrina*	Ⅱ		东
姬蛙科 Microhylidae			
12. 饰纹姬蛙 *Microhyla ornata*			东
爬行纲 REPTILIA			
龟鳖目 Testudinata			
龟科 Emydidae			
1. 黄喉拟水龟 *Mauremys mutica*		濒危	东
2. 乌龟 *Chinemys reevesii*		濒危	广
鳖科 Trionychidae			
3. 鳖 *Trionyx sinensis*		易危	广
有鳞目 Squamata			
壁虎科 Gekkonidae			
4. 多疣壁虎 *Gekko japonicus*			东
石龙子科 Scincidae			
5. 石龙子 *Eumeces chinensis*			东
6. 蝘蜓 *Sphenomorphus iudicus*			东
蜥蜴科 Lacertidae			
7. 北草蜥 *Takydromus septentrionalis*			广
游蛇科 Colubridae			
8. 赤链蛇 *Dinodon rufozonatum*			广
9. 双斑锦蛇 *Elaphe bimaculata*			东
10. 王锦蛇 *Elaphe carinata*			东

续附录 7

动物名称	保护等级	IUCN 受胁等级	地理型
11. 红点锦蛇 *Elaphe rufodorsata*			广
12. 黑眉锦蛇 *Elaphe taeniura*			广
13. 赤链华游蛇 *Sinonatrix annularis*			东
14. 渔游蛇 *Xenochrophis piscator*			东
15. 草腹游蛇 *Amphiesma stolata*			东
16. 虎斑颈槽蛇 *Rhabdophis tigrina laterdlis*			广
17. 滑鼠蛇 *Ptyas mucosus*			东
18. 乌梢蛇 *Zaocys dhumnades*			广
眼镜蛇科 Elapidae			
19. 眼镜蛇 *Naja naja*			东
蝰科 Viperidae			
20. 短尾蝮 *Gloydius brevicaudus*		易危	广

注：Ⅱ表示国家Ⅱ级重点保护野生动物。

附录 8　安庆沿江湿地主要湖泊鸟类

鸟类名称	分布										区系型	居留型	保护或受胁等级
	龙感湖	黄湖	大官湖	泊湖	武昌湖	菜子湖	破罡糊	白荡湖	枫沙湖	陈瑶湖			
䴙䴘目 Podicipedifomes													
䴙䴘科 Pdicipedidae													
1. 小䴙䴘 *Tachybaptus ruficollis*	√	√	√	√	√	√	√	√	√	√	广	留	
2. 角䴙䴘 *Podiceps auritus*	√			√		√					古	冬	Ⅱ
3. 凤头䴙䴘 *Podiceps cristatus*	√	√	√	√	√	√			√	√	古	冬、留	
鹈形目 Peliecaniformes													
鸬鹚科 Phalacrocoracidae													
4. 普通鸬鹚 *Phalacrocorax carbo*	√	√	√	√	√	√		√	√		广	冬	
鹳形目 Ciconiiformes													
鹭科 Ardeidae													
5. 苍鹭 *Ardea cinerea*	√	√	√	√	√	√	√	√	√	√	广	留、冬	
6. 草鹭 *Ardea purpurea*	√	√		√		√					广	夏	
7. 池鹭 *Ardeola bacchus*	√	√	√	√		√					东	夏	
8. 大白鹭 *Egretta alba*	√	√	√	√	√	√		√	√	√	广	冬	
9. 中白鹭 *Egretta intermedia*		√		√		√		√			东	夏	
10. 小白鹭 *Egretta garzetta*	√	√	√	√	√	√	√	√	√	√	东	夏. 留	
11. 牛背鹭 *Bubulcus ibis*	√	√	√	√	√	√		√			东	夏	
12. 夜鹭 *Nyticorax nyticorax*		√		√	√	√		√			广	夏. 留	
13. 黄斑苇鳽 *Ixobrychus sinensis*	√	√		√	√			√	√		广	夏	
14. 栗苇鳽 *Ixobrychus cinnamomeus*				√							广	夏	
15. 黑苇鳽 *Ixobrychus flavicollis*	√	√		√							东	夏	
16. 大麻鳽 *Botaurus stellaris*		√		√	√	√					古	冬	
鹳科 Ciconiidae													
17. 东方白鹳 *Ciconia boyciana*	√			√	√	√			√		古	冬、留	濒危
18. 黑鹳 *Ciconia nigra*				√		√			√		古	冬	Ⅰ
鹮科 Threskiornithidae													
19. 白琵鹭 *Platalea leucorodia*	√			√		√		√	√		古	冬	Ⅱ
雁形目 Anseriformes													
鸭科 Anatidae													
20. 鸿雁 *Anser cygnoides*	√	√	√	√	√	√		√	√		古	冬	濒危
21. 豆雁 *Anser fabalis*	√	√	√	√	√	√			√		古	冬	
22. 白额雁 *Anser albifrons*		√				√					古	冬	Ⅱ
23. 灰雁 *Anser anser*		√		√		√					古	冬	
24. 小天鹅 Cygnus columbianus			√	√	√	√		√	√		古	冬	Ⅱ
25. 赤麻鸭 *Tadorna ferruginea*	√	√		√	√	√		√	√	√	古	冬	
26. 翘鼻麻鸭 *Tadorna tadorna*	√			√	√	√		√			古	冬	
27. 赤颈鸭 *Anas penelope*				√		√	√				古	冬	
28. 罗纹鸭 *Anas falcate*			√						√		古	冬	

续附录 8

鸟类名称	分布										区系型	居留型	保护或受胁等级
	龙感湖	黄湖	大官湖	泊湖	武昌湖	菜子湖	破罡糊	白荡湖	枫沙湖	陈瑶湖			
29. 赤膀鸭 *Anas strepera*			√		√						古	冬	
30. 花脸鸭 *Anas formosa*						√					古	冬	易危
31. 绿翅鸭 *Anas crecca*	√	√	√	√	√	√		√	√	√	古	冬	
32. 绿头鸭 *Anas platyrhynchos*	√	√	√	√	√	√	√	√	√	√	古	冬	
33. 斑嘴鸭 *Anas poecilorhyncha*	√	√	√	√	√	√		√	√	√	广	留	
34. 针尾鸭 *Anas acuta*			√			√	√		√	√	古	冬	
35. 白眉鸭 *Anas querquedula*						√					古	旅	
36. 琵嘴鸭 *Anas clypeata*			√			√					古	冬	
37. 红头潜鸭 *Aythya ferina*				√		√					古	冬	
38. 青头潜鸭 *Aythya baeri*						√					古	冬	易危
39. 凤头潜鸭 *Aythya fuligula*			√		√	√					古	冬	
40. 白秋沙鸭 *Mergellus albellus*	√		√		√						古	冬	
41. 棉凫 *Nettapus cormandelianus*						√					古	冬	濒危
42. 鸳鸯 *Aix galericulata*						√					古	冬	Ⅱ、近危
43. 普通秋沙鸭 *Mergus merganser*	√		√	√		√					古	冬	
隼形目 Falconiformes													
鹰科 Accipitridae													
44. 苍鹰 *Accipiter gentilis*	√				√						古	旅	Ⅱ
45. 赤腹鹰 *Accipiter soloensis*						√		√			广	夏	Ⅱ
46. 雀鹰 *Accipiter nisus*	√										古	冬	Ⅱ
47. 黑鸢 *Milvus lineaus*					√						广	冬	Ⅱ
48. 普通鵟 *Buteo buteo*	√		√	√		√					古	冬	Ⅱ
49. 乌雕 *Aquila clanga*		√									古	冬	Ⅱ、易危
50. 白尾鹞 *Cirus cyaneus*	√	√									古	冬	Ⅱ
隼科 Falconidae													
51. 红隼 *Falco tinnunculus*	√	√				√					广	留	Ⅱ
52. 游隼 *Falco peregrinus*	√										广	留	Ⅱ
鸡形目 Galliforms													
雉科 Phasianidae													
53. 环颈雉 *Phasanus colchicus*	√	√	√	√	√	√		√	√		古	留	
54. 鹌鹑 *Coturnix japonica*	√		√			√					古	留、冬	
鹤形目 Gruiformes													
鹤科 Gruidae													
55. 白鹤 *Grus leucogeranus*						√					古	冬	Ⅰ、极危
56. 白头鹤 *Grus monacha*						√		√			古	冬	Ⅰ、易危
57. 白枕鹤 *Grus vipio*						√					古	冬	Ⅱ、易危
58. 灰鹤 *Grus grus*											古	冬	Ⅱ
秧鸡科 Rallidae													

续附录 8

鸟类名称	分布										区系型	居留型	保护或受胁等级
	龙感湖	黄湖	大官湖	泊湖	武昌湖	菜子湖	破罡糊	白荡湖	枫沙湖	陈瑶湖			
59. 普通秧鸡 *Rallus aquaticus*	√			√		√					广	旅	
60. 红脚苦恶鸟 *Amaurornis akool*	√	√				√					东	夏	
61. 白胸苦恶鸟 *Amaurornis phoenicurus*		√				√					东	夏	
62. 红胸田鸡 *Porzana fusca*			√								东	夏	
63. 董鸡 *Gallicrex cinerea*	√					√					东	夏	
64. 黑水鸡 *Gallinula chloropus*	√	√	√	√	√	√	√	√			东	留、夏	
65. 骨顶鸡 *Fulica atra*	√		√			√		√			广	冬	
鸻形目 Charadriiformes													
雉鸻科 Jacanidae													
66. 水雉 *Hydrophasianus chirurgus*	√	√				√					东	夏	
鸻科 Charadriidae													
67. 凤头麦鸡 *Vanellus vanellus*	√	√	√	√	√	√	√	√	√		古	冬	
68. 灰头麦鸡 *Vanellus cinereus*	√	√	√	√	√	√		√	√	√	古	夏	
69. 长嘴剑鸻 *Charadrius placidus*	√					√					古	夏、冬	
70. 金斑鸻 *Pluvialis donminica*				√		√					古	旅	
71. 灰斑鸻 *Pluvialis squatarola*				√		√					古	旅、冬	
72. 金眶鸻 *Charadrius dubius*		√		√		√					古	旅、冬	
73. 环颈鸻 *Charadrius alexandrinus*			√	√	√	√					古	旅、冬	
鹬科 Scolopacidae													
74. 中杓鹬 *Numenius phaeopus*	√			√		√					古	旅	
75. 白腰杓鹬 *Numenius arquata*				√	√	√		√			古	冬	
76. 黑尾塍鹬 *Limosa limosa*						√		√			古	旅	
77. 斑尾塍鹬 *Limosa lapponcia*								√			古	旅	
78. 鹤鹬 *Tringa erythropus*	√	√	√	√	√	√	√	√			古	冬	
79. 红脚鹬 *Tringa totanus*	√			√		√	√				古	冬	
80. 青脚鹬 *Tringa nebularia*	√	√	√	√	√	√	√	√	√		古	冬	
81. 白腰草鹬 *Tringa ochropus*	√	√	√	√	√	√		√	√	√	古	冬	
82. 林鹬 *Tringa glareola*				√	√	√		√			古	旅	
83. 矶鹬 *Tringa hypoleucos*	√	√		√		√		√			古	旅	
84. 大沙锥 *Gallinaco megala*						√					古	旅	
85. 扇尾沙锥 *Gallinago gallinago*	√	√	√	√	√	√			√	√	古	旅	
86. 青脚滨鹬 *Calidris temminckii*						√					古	旅	
87. 尖尾滨鹬 *Calidris acuminate*		√		√		√					古	冬	
88. 黑腹滨鹬 *Calidris alpine*	√		√	√	√	√		√	√		古	冬	
89. 红胸滨鹬 *Calidris ruficollis*					√						古	旅	
反嘴鹬科 Recurvirostridae													
90. 反嘴鹬 *Recurvirostra avosetta*	√		√		√	√		√	√		古	冬	
91. 黑翅长脚鹬 *Himantopus himantopus*	√										广	旅	

续附录8

鸟类名称	分布										区系型	居留型	保护或受胁等级
	龙感湖	黄湖	大官湖	泊湖	武昌湖	菜子湖	破罡糊	白荡湖	枫沙湖	陈瑶湖			
鸥形目 Lariformes													
鸥科 Laridae													
92. 黑尾鸥 *Larus crassirostris*						√					古	冬	
93. 银鸥 *Larus argentatus*	√	√	√	√	√	√		√	√		古	冬	
94. 红嘴鸥 *Larus ridibundus*	√	√	√	√	√	√	√	√			古	冬	
燕鸥科 Sternidae													
95. 须浮鸥 *Chlidonias hybridus*	√	√		√		√			√	√	广	夏	
96. 白翅浮鸥 *Chlidonias leucopterus*	√	√		√		√					古	旅	
97. 白额燕鸥 *Sterna albifrons*					√	√					广	留	
鸽形目 Columbiformes													
鸠鸽科 Columbidae													
98. 山斑鸠 *Streptopelia orientalis*					√	√	√				广	留	
99. 珠颈斑鸠 *Streptopelia chinensis*					√	√					东	留	
100. 火斑鸠 *Oenopopelia tranguebarica*					√	√					东	夏	
鹃形目 Cuculiformes													
杜鹃科 Cuculidae													
101. 鹰头杜鹃 *Cuculus sparverioides*						√					东	夏	
102. 小鸦鹃 *Centropus toulou*					√						东	夏	Ⅱ
103. 四声杜鹃 *Cuculus micropterus*					√	√					广	夏	
104. 大杜鹃 *Cuculus canorus*						√					广	夏	
佛法僧目 Coraciiformes													
翠鸟科 Alcedinidae													
105. 斑鱼狗 *Ceryle rudis*				√	√	√			√	√	东	夏	
106. 普通翠鸟 *Alcedo atthis*	√	√	√	√	√	√	√	√	√	√	广	留	
107. 蓝翡翠 *Halcyon pileata*					√	√					东	留	
戴胜目 Upupiformes													
戴胜科 Upupidae													
108. 戴胜 *Upupa epops*					√	√					广	夏	
鴷形目 Piciformes													
啄木鸟科 Picidae													
109. 灰头绿啄木鸟 *Picus canus*					√	√					广	留	
110. 大斑啄木鸟 *Dendrocopos major*					√	√					广	留	
雀形目 Passeriformes													
百灵科 Alaudidae													
111. 小云雀 *Alauda gulguta*					√	√					东	夏	
112. 云雀 *Alauda arvensis*					√	√					古	冬	
燕科 Hirundinidae													
113. 家燕 *Hirundo rustica*	√	√	√	√	√	√	√	√	√	√	古	夏	

续附录 8

鸟类名称	分布 龙感湖	黄湖	大官湖	泊湖	武昌湖	菜子湖	破罡糊	白荡湖	枫沙湖	陈瑶湖	区系型	居留型	保护或受胁等级
114. 金腰燕 *Hirundo daurica*					√	√					广	夏	
115. 烟腹毛脚燕 *Delichen nipalensis*						√					东	夏	
鹡鸰科 Motacillidae													
116. 黄鹡鸰 *Motacilla flava*					√	√					古	夏	
117. 灰鹡鸰 *Motacilla cinerea*					√	√					古	夏	
118. 白鹡鸰 *Motacilla alba*		√		√	√	√	√		√	√	古	留	
119. 红喉鹨 *Anthus cervinus*					√	√					古	旅	
120. 田鹨 *Anthus richardi*		√		√		√			√	√	广	冬	
121. 树鹨 *Anthus hodgsoni*					√	√					古	旅	
122. 水鹨 *Anthus spinoletta*			√								广	冬	
鹎科 Pycnontidae													
123. 白头鹎 *Pycnonotus sinensis*					√	√		√			东	留	
124. 领雀嘴鹎 *Spizixos semitorques*					√	√					东	留	
鸫科 Turdidae													
125. 乌鸫 *Turdus merula*					√	√					东	留	
126. 白腹鸫 *Garrulax pallidus*					√	√					古	旅	
127. 鹊鸲 *Copsychus saularis*					√	√					东	夏	
扇尾莺科 Cisticolidae													
128. 褐头鹪莺 *Prinia inornata*		√									东	留	
129. 棕扇尾莺 *Cisticola juncidis*		√			√	√					东	留	
莺科 Sylviidae													
130. 黑眉苇莺 *Acrocephalus bistrigiceps*					√	√					古	夏	
131. 东方大苇莺 *Aacrocephalus orentalis*					√	√					广	夏	易危
132. 斑背大尾莺 *Megalurus pryeri*		√		√							古	夏	
鹟科 Muscicapidae						√							
133. 北灰鹟 *Muscicapa dauurica*					√	√					古	夏	
134. 黑喉石鵖 *Saxicola torquata*		√			√	√					广	夏	
画眉科 Timallidae													
135. 黑脸噪鹛 *Garrulax perspicillatus*					√	√					东	留	
136. 画眉 *Garrulax canorus*					√	√					古	留	近危
鸦雀科 Paradoxornithidae													
137. 棕头鸦雀 *Paradoxornis webbianus*					√	√					东	留	
长尾山雀科 Aegithalidae													
138. 银喉长尾山雀 *Aegithalos caudatus*						√					古	留	
139. 红头长尾山雀 *Aegithalos concinnus*						√					东	留	
山雀科 Paridae													
140. 黄腹山雀 *Parus venustulus*						√					东	旅	
141. 大山雀 *Parus major*						√					广	留	

续附录 8

鸟类名称	分布										区系型	居留型	保护或受胁等级
	龙感湖	黄湖	大官湖	泊湖	武昌湖	菜子湖	破罡湖	白荡湖	枫沙湖	陈瑶湖			
黄鹂科 Oriolidae													
142. 黑枕黄鹂 *Oriolus chinensis*					√	√					广	夏	
伯劳科 Laniidae													
143. 红尾伯劳 *Lanius cristatus*					√	√					古	夏	
144. 棕背伯劳 *Lanius schach*					√	√					东	留	
145. 楔尾伯劳 *Lanius sphenocercus*					√	√					古	留	
卷尾科 Dicruridae													
146. 黑卷尾 *Dicrurus macrocercus*					√	√					东	夏	
147. 灰卷尾 *Dicrurus leucophaeus*					√	√					东	夏	
148. 发冠卷尾 *Dicrurus hottentottus*					√	√					东	夏	
鸦科 Corvidae													
149. 松鸦 *Garrulus glandarius*					√	√					古	留	
150. 灰喜鹊 *Dendrocitta formosae*					√	√					古	留	
151. 喜鹊 *Pica pica*					√	√					古	留	近危
椋鸟科 Sturnidae													
152. 灰椋鸟 *Sturnus cineraceus*		√		√	√	√			√	√	古	冬、留	
153. 黑领椋鸟 *Sturnus nigricollis*					√	√					古	夏	
154. 丝光椋鸟 *Sturnus sericeus*					√	√					东	夏	
155. 八哥 *Acridotheres cristatellus*					√	√					东	留	
雀科 Passeridae													
156. 麻雀 *Passer montanus*	√	√	√	√	√	√	√	√	√	√	广	留	
燕雀科 Fringillidae													
157. 金翅雀 *Carduelis sinica*				√	√	√					广	留	
158. 黑尾蜡嘴雀 *Eophona migratoria*					√	√					古	冬	
159. 黑头蜡嘴雀 *Eophona personata*					√	√					古	旅	
鹀科 Emberizidae													
160. 灰头鹀 *Emberiza spodocephala*					√	√					古	冬	
161. 田鹀 *Emberiza rustica*		√		√	√	√					古	冬	
162. 黄眉鹀 *Emberiza chyrsophrys*		√		√	√	√					古	冬	
163. 黄胸鹀 *Emberiza aureola*					√	√					古	冬	
164. 小鹀 *Emberiza pusilla*		√		√							古	冬	
165. 红颈苇鹀 *Emberiza yessoensis*		√		√							古	冬	近危
166. 白眉鹀 *Emberiza tristrami*			√								古	冬	

注：√ 表示有分布，Ⅰ、Ⅱ分别指国家Ⅰ和Ⅱ级重点保护野生动物，东、古、广分别表示东洋界、古北界和二界广布物种，鸟类名称排列主要依据郑光美的分类系统(2005 年)。

附录 9　安庆沿江湿地兽类

分类地位	保护级别	受胁等级	地理型
食虫目 Insectivora			
刺猬科 Erinaceidae			
1. 东北刺猬 *Erinaceus amurensis*			古北界
鼩鼱科 Soricidae			
2. 山东小麝鼩 *Crocidura shantungensis*			古北界
3. 灰麝鼩 *Crocidura attenuata*			东洋界
翼手目 Chiroptera			
蝙蝠科 Vespertilionidae			
4. 绒山蝠 *Nyctalus velutinus*			东洋界
5. 大棕蝠 *Eptesicus serotinus*			东洋界
鳞甲目 Pholidota			
鲮鲤科 Manidae			
6. 穿山甲 *Manis pentadactyla*	Ⅱ	濒危	东洋界
兔形目 Lagomorpha			
兔科 Leporidae			
7. 草兔 *Lepus tolai*			古北界
啮齿目 Rodentia			
仓鼠科 Cricetidae			
8. 黑线仓鼠 *Cricetulus barabensis*			古北界
9. 大仓鼠 *Cricetulus triton*			古北界
10. 东方田鼠 *Microtus fortis*			古北界
鼠科 Muridae			
11. 小家鼠 *Mus musculus*			古北界
12. 黑线姬鼠 *Apodemus agrarius*			古北界
13. 黄胸鼠 *Rattus tanezumi*			东洋界
14. 褐家鼠 *Rattus norvegicus*			古北界
豪猪科 Hystricidae			
15. 豪猪 *Hystrix hodgsoni*			东洋界
鲸目 Cetacea			
河豚科 Iniidae			
16. 白鳍豚 *Lipotes vexillifer*	Ⅰ	极危	东洋界
鼠海豚科 Phocaenidae			
17. 江豚 *Neophocaena phoaenoides*	Ⅱ	濒危	东洋界
食肉目 Carnivora			
鼬科 Mustelidae			
18. 黄鼬 *Mustela sibirica*		近危	古北界
19. 青鼬 *Martes flavigula*		近危	东洋界
20. 鼬獾 *Melogale moschata*		近危	东洋界
21. 狗獾 *Meles meles*		近危	古北界
22. 水獭 *Lutra lutea*		濒危	古北界

续附录 9

分类地位	保护级别	受胁等级	地理型
獴科 Herpestidae			
23. 食蟹獴 *Herpestes urva*		近危	东洋界
偶蹄目 Artiodactyla			
鹿科 Cervidae			
24. 獐 *Hydropotes inermis*		易危	东洋界
25. 小麂 *Muntiacus reevesi*		易危	东洋界
26. 毛冠鹿 *Elaphodus cephalophus*			东洋界
麝科 Noschidae			
27. 安徽麝 *Moschus anhuiensis*		濒危	古北界
猪科 Suidae			
28. 野猪 *Sus scrofa*			古北界

注：Ⅰ、Ⅱ表示国家Ⅰ、Ⅱ级重点保护野生动物。

主要参考文献

[1]INCN. The 2000 IUCN RedList of Threadtened Species. Gland: IUCN, 2000

[2]安徽省计划委员会,安庆市计划委员会编.安庆国土资源·安夫市篇.北京:中国计划出版社,1990.

[3]安徽植被协作组.安徽植被.合肥:安徽科技出版社,1983.

[4]安徽植物志协作组.安徽植物志(1～5卷).合肥:安徽科技出版社,1986—1991.

[5]安庆地方志编纂委员会.安庆地区志.合肥:黄山书社,1995.

[6]安庆市地方志编纂委员会.安庆市志.北京:方志出版社.1997.

[7]长江水系渔业资源调查协作组.长江水系渔业资源.北京:海洋出版社,1990.

[8]陈壁辉.安徽两栖爬行动物志.合肥:安徽科技出版社,1991.

[9]枞阳县地方志编纂委员会.枞阳县志.合肥:黄山书社.1997.

[10]丁文宁,周福璋.我国鹤类的越冬分布.动物学杂志,1982,17(6):13—14.

[11]国家林业局野生动植物保护司编.湿地管理与研究方法.北京:中国林业出版社,2001.

[12]胡菊英,姚文卿.长江下游安徽江段的鱼类.安徽大学学报(自然科学版),1996,20(1):96—101.

[13]怀宁县地方志编撰委员会.怀宁县志.合肥:黄山书社,1995.

[14]纪力强.生物多样性信息系统建设的现状及CBIS简介.生物多样性,2000,8(1):41—49.

[15]金宝石,周葆华.安庆沿江湖泊近20年水域多时相动态演变.国土资源遥感,2008(3):74—77,83.

[16]金宝石.安庆沿江湿地自然保护区水系分布与特征研究.中国农学通报,2008,24(7):445—449.

[17]李学仁.安庆地区湖泊资源特征与渔业利用.资源科学,1991(4):48—55.

[18]刘春菊,朱欣焰.基于JSP技术的Web GIS.测绘通报,2002(6):41.

[19]刘月英,张长珍,王跃先,王思义.中国经济动物志·淡水软体动物.北京:科学出版社,1979.

[20]卢松,陆林,凌善金,宣国富.人类活动对安庆沿江湖泊湿地影响的初步研究.长江流域资源与环境,2004,13(1):65—71.

[21]卢泽洋.基于ArcIMS的生物多样性管理WebGIS开发.林业资源管理,2006

(1):74—77.

[22]马克·巴特,曹磊,雷刚.长江中下游水鸟调查报告.北京:中国林业出版社,2004.

[23]马克·巴特,雷刚,曹垒等.长江中下游水鸟调查报告.北京:中国林业出版社,2006.

[24]邵建章,张定成.安庆破岗湖水生植物群落和生物量.安徽师大学报(自然科学版),1984(2):48—57.

[25]邵建章.安徽宿松黄大湖水生维管束植物生物量的初步调查.安徽师大学报(自然科学版),1981(1):27—34.

[26]施炜纲,刘凯,张敏莹.春季禁渔期间长江下游鱼虾蟹类物种多样性变动(2001—2004年).湖泊科学,2005,17(2):169—175.

[27]宋关福,钟耳顺,王尔琪.WebGIS——基于Internet的地理信息系统.中国图象图形学报,1998(3):251—254.

[28]宿松县地方志编纂委员会.宿松县志.南昌:江西人民出版社.1990.

[29]孙庆业,周忠泽,周波.安徽省玄参科一新记录属——水茫草属.热带亚热带植物学报,2009,17(1):89—90.

[30]太湖县地方志编纂委员会.太湖县志.合肥:黄山书社.1995.

[31]桐城县地方志编纂委员会.桐城县志.合肥:黄山书社.1995.

[32]王岐山.安徽兽类志.合肥:安徽科技出版社,1990.

[33]王岐山.长江中下游越冬鹤类现状.湿地与水禽保护(东北亚)国际研讨会论文集,北京:中国林业出版社,1998.

[34]王苏民,窦鸿身.中国湖泊志.北京:科学出版社,1998.

[35]望江县地方志编纂委员会.望江县志.合肥:黄山书社.1995.

[36]徐波.安庆沿江生态防护林模式调查及效益分析.安徽林业,2009(4):35—36.

[37]余瑞林,周葆华,刘承良.安庆沿江湿地景观格局变化及其驱动力.长江流域资源与环境,2009,18(6):522—527.

[38]张理华.安庆沿江湿地管理与保护区建设.人民长江,2009,40(19):6—9,64.

[39]张敏莹,徐东坡,刘凯,施炜钢.长江安庆江段鱼类调查及物种多样性初步研究.湖泊科学,2006,18(6):670—676.

[40]赵斌,唐礼俊,吴千红,等.上海市生物多样性信息管理系统的建立和应用.生物多样性,2000,8(2):233—237.

[41]郑作新.中国鸟类分布名录(第2版).北京:科学出版社,1976.

[42]郑光美.中国鸟类分类与分布名录.北京:科学出版社,2005.

[43]中国科学院水生生物研究所.长江鱼类.北京;科学出版社,1976.

[44]中国湿地植被编辑委员会.中国湿地植被.北京:科学出版社,1999.

[45]中国植被编辑委员会. 中国植被. 北京:科学出版社,1980.

[46]周葆华,操璟璟,朱文中. 安庆沿江湖泊湿地自然保护区生物多样性及保护对策. 安徽农业科学,2008,36(26):11467－11469,11478.

[47]周立志,朱文忠,李进华,顾长明. 安庆沿江湖泊湿地生物多样性保护战略. 循环·整合·和谐——第二届全国复合生态与循环经济学术讨论会论文集,2005.

[48]朱同林,张光生. 安徽省沿江湿地资源现状、问题与对策. 资源开发与市场,2005,21(4):300－302.

图版

图版I

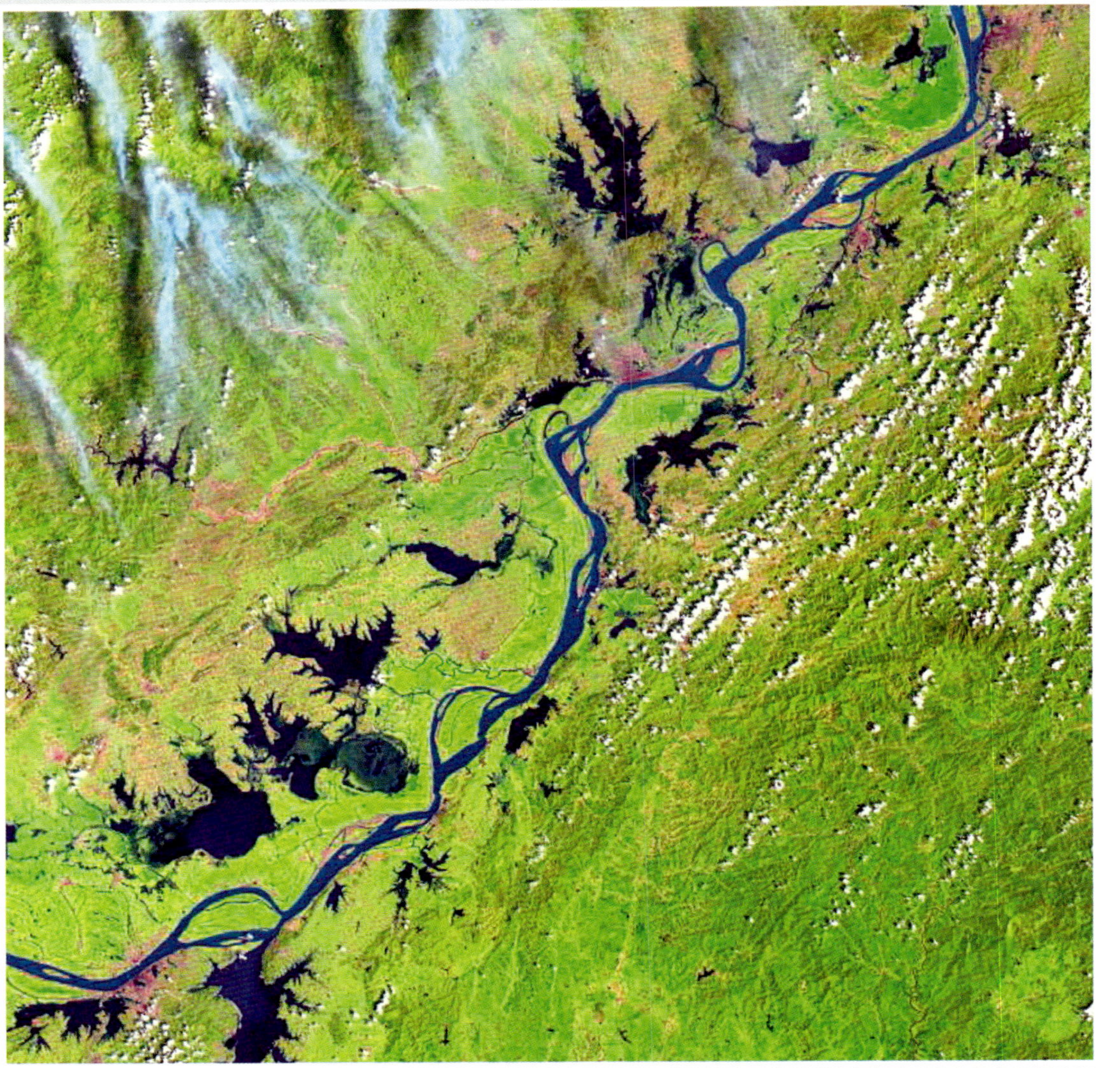

安庆沿江湿地丰水季节（2002年9月份卫星遥感图）（WWF武汉项目办提供）

图版II

1　夏季湖泊（张宏提供）

2　秋季湖泊（张宏提供）

图版III

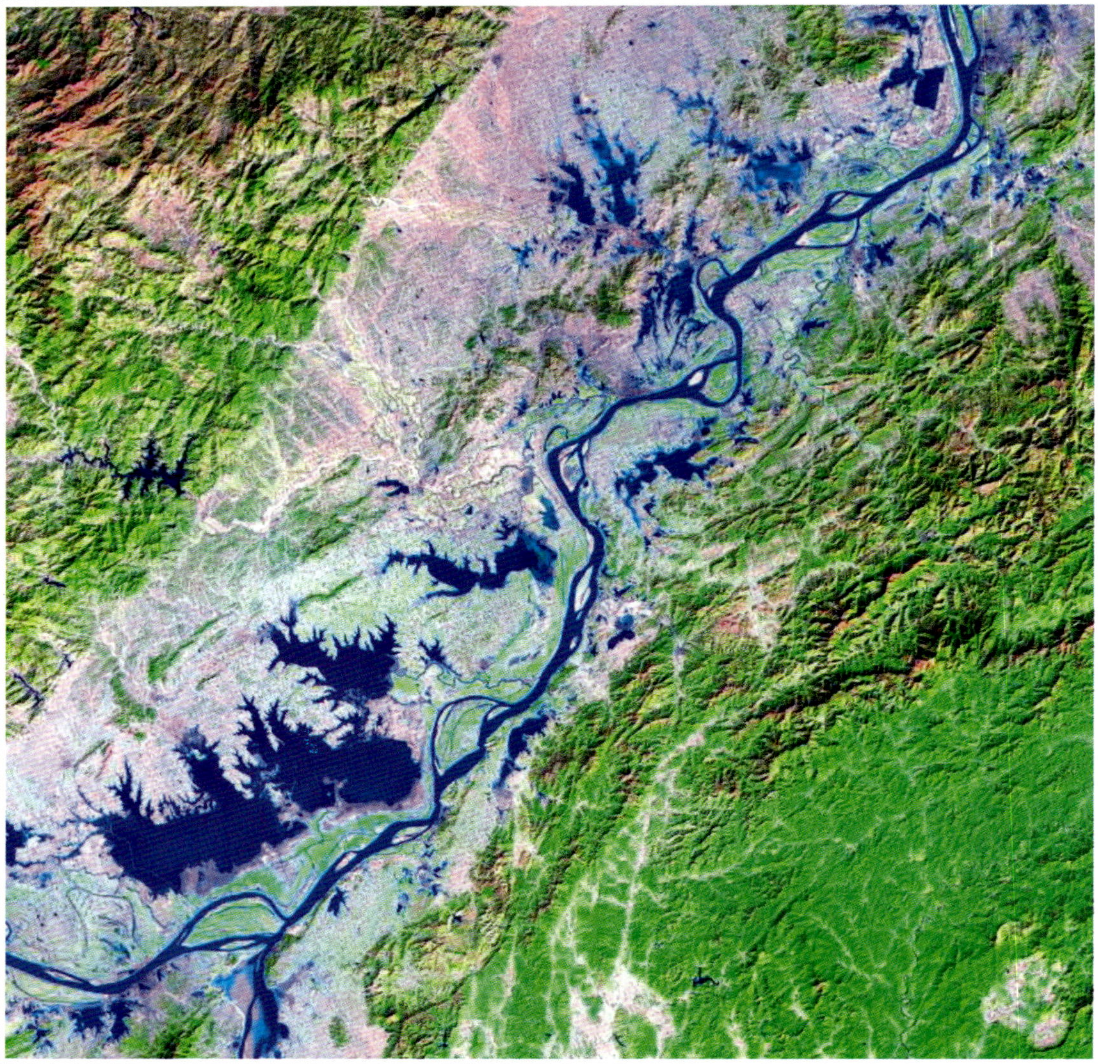

安庆沿江湿地枯水季节（2002年12月卫星遥感影像）（WWF武汉项目办提供）

图版IV

1　春季湖泊（张宏提供）

2　冬季湖泊（张宏提供）

PAGE 166-167

图版V

1　国际专家马克·巴特进行水鸟调查（张宏提供）

2　水鸟调查（周波提供）

3　底栖动物调查（周立志拍摄）

4　水质和浮游生物调查（周立志拍摄）

5　植物群落生物量调查（周忠泽拍摄）

6　湿地考察（张宏拍摄）

图版VI

1　菹草群丛（周立志拍摄）

2　苦草+水车前群丛（周忠泽拍摄）

3　菱群丛（周立志拍摄）

4　菱+荇菜群丛（周立志拍摄）

5　芡群丛（周波提供）

6　槐叶苹+满江红群丛（周忠泽拍摄）

图版VII

1　莲群丛（周忠泽拍摄）

2　莲（*Nelumbo nucifera*）（周忠泽拍摄）

3　菰群丛（周忠泽拍摄）

4　红蓼+长芒稗群丛（周忠泽拍摄）

5　芦苇群丛（周立志拍摄）

6　喜旱莲子草+凤眼莲（水葫芦）群丛（周立志拍摄）

图版VIII

1　春季嬉子湖湖滩上的肉根毛茛群丛（周立志拍摄）

2　春季湖滩上的陌上菅+酸模叶蓼群丛（周立志拍摄）

3　陌上菅群丛（周忠泽拍摄）

4　喜旱莲子草群丛（周立志拍摄）

5　虉草群丛（周立志拍摄）

6　菰+菱群丛（周立志拍摄）

图版IX

1　马来眼子菜（*Potamogeton malaianus*）（花期）

2　黑藻（*Hydrilla verticillata*）

3　黄花狸藻（花期）（*Utricularia aurea*）

4　黄花狸藻

5　马来眼子菜（*Potamogeton malaianus*）和蓼子草（*Polygonum cripolitanum*）

6　喜旱莲子草（*Alternanthera philoxeroides*）（左）和风眼莲（*Eichhornia crassipes*）（右）（周忠泽拍摄）

图版X

1 茶菱（*Trapella sinensis*）

2 槐叶苹（*Salvinia natans*）

3 丘角菱（*Trapa japonica*）

4 四角刻叶菱（*Trapa incisa*）

5 水鳖（*Hydrocharis dubia*）

6 金银莲花（*Nymphoides indica*）（周忠泽拍摄）

图版XI

1　芡（*Euryale ferox*）

2　芡（*Euryale ferox*）

3　红蓼（*Polygonum orientale*）

4　菰（*Zizania caduciflora*）

5　长芒稗（*Echinochloa caudata*）

6　早春湖滩上酸模叶蓼(*Polygonumlapathifolium*)（萌发期）（左）

1　安徽省植物分布新记录——水茫草（*Limosella aquatica*）

2　早春湖滩上的肉根毛茛（*Ranunculus polii*）

3　陌上菅（*Carex thunbergii*）

4　蓼子草（*Polygonum cripolitanum*）

5　朝天委菱菜（*Potentilla supina*）（周忠泽拍摄）

6　朝天委菱菜（*Potentilla supina*）（周忠泽拍摄）

图版XIII

1　中华绒螯蟹（*Eriocheir sinensis*）（周忠泽拍摄）

2　鳜（*Siniperca chuatsi*）和大眼鳜（*Siniperca kneri*）（周立志拍摄）

3　黄颡鱼（*Pelteobagrus fulvldraco*）和鲫鱼（*Carassius auratus*）（周立志拍摄）

4　越冬鸿雁（*Anser cygnoides*）（袁晓提供）

5　越冬白头鹤（*Grus leucogeranus*）（袁晓提供）

6　每年10月份以后大批越冬水鸟迁至安庆沿江湖泊（周波拍摄）

图版XIV

1　须浮鸥（*Chlidonias hybridus*）浮巢和卵（周立志拍摄）

2　骨顶鸡（*Fulica atra*）的巢和卵（周波提供）

3　凤头䴙䴘（*Podiceps cristatus*）埋在浮巢中的卵

4　在高压电线塔上繁殖的东方白鹳（*Ciconia boyciana*）

5　东方白鹳的繁殖生境（周立志拍摄）

6　东方白鹳的雏和卵（杨陈提供）

图版XV

1　电捕鱼

2　围湖养殖

3　围网养蟹

4　嬉子湖的旅游开发

5　穿越武昌湖的公路

6　围湖养蟹

1　嬉子湖和白兔湖的围垦和围网（2004年，来自Google Earth）

2　嬉子湖与菜子湖连接部由矮坝拦截提高枯水季节水位（2004年，来自Google Earth）

图版XVII

1　嬉子湖北端围网情况（2004年，来自Google Earth）

2　2004年围湖围网情况

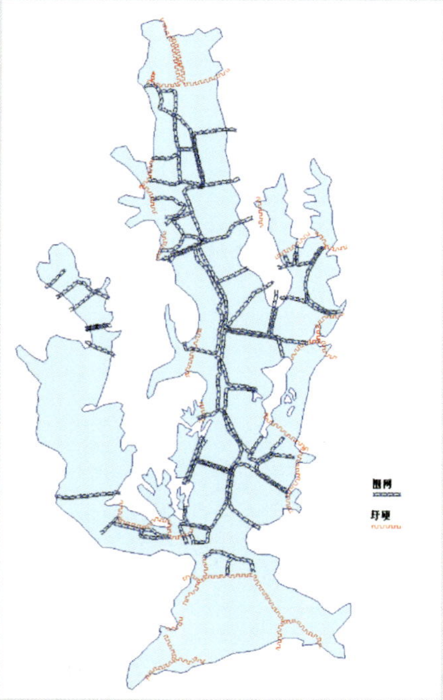

3　2008年围湖围网情况

菜子湖2008年3月份主要湿地植物分布

图版XIX

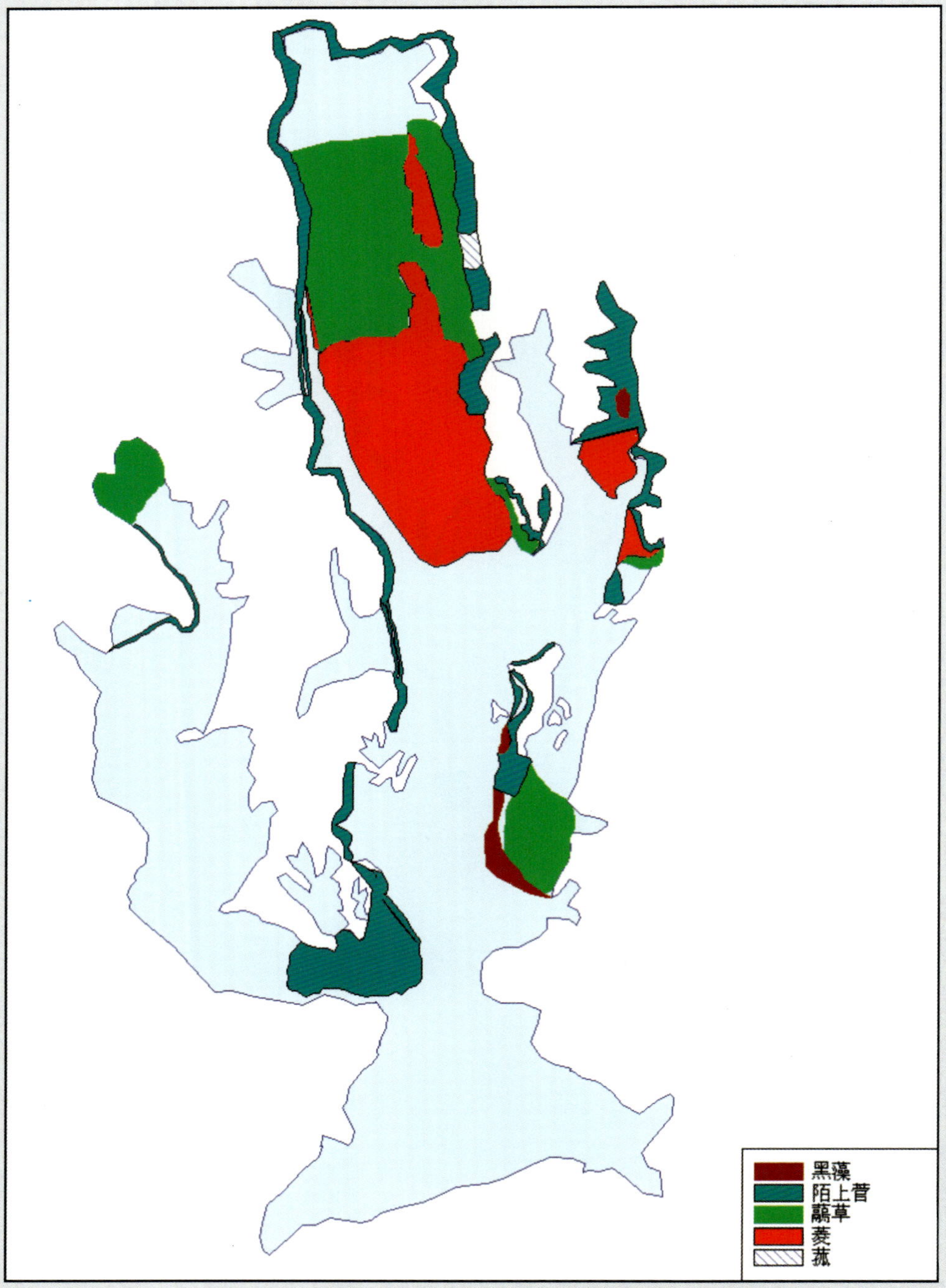

菜子湖2008年5月份主要植物分布

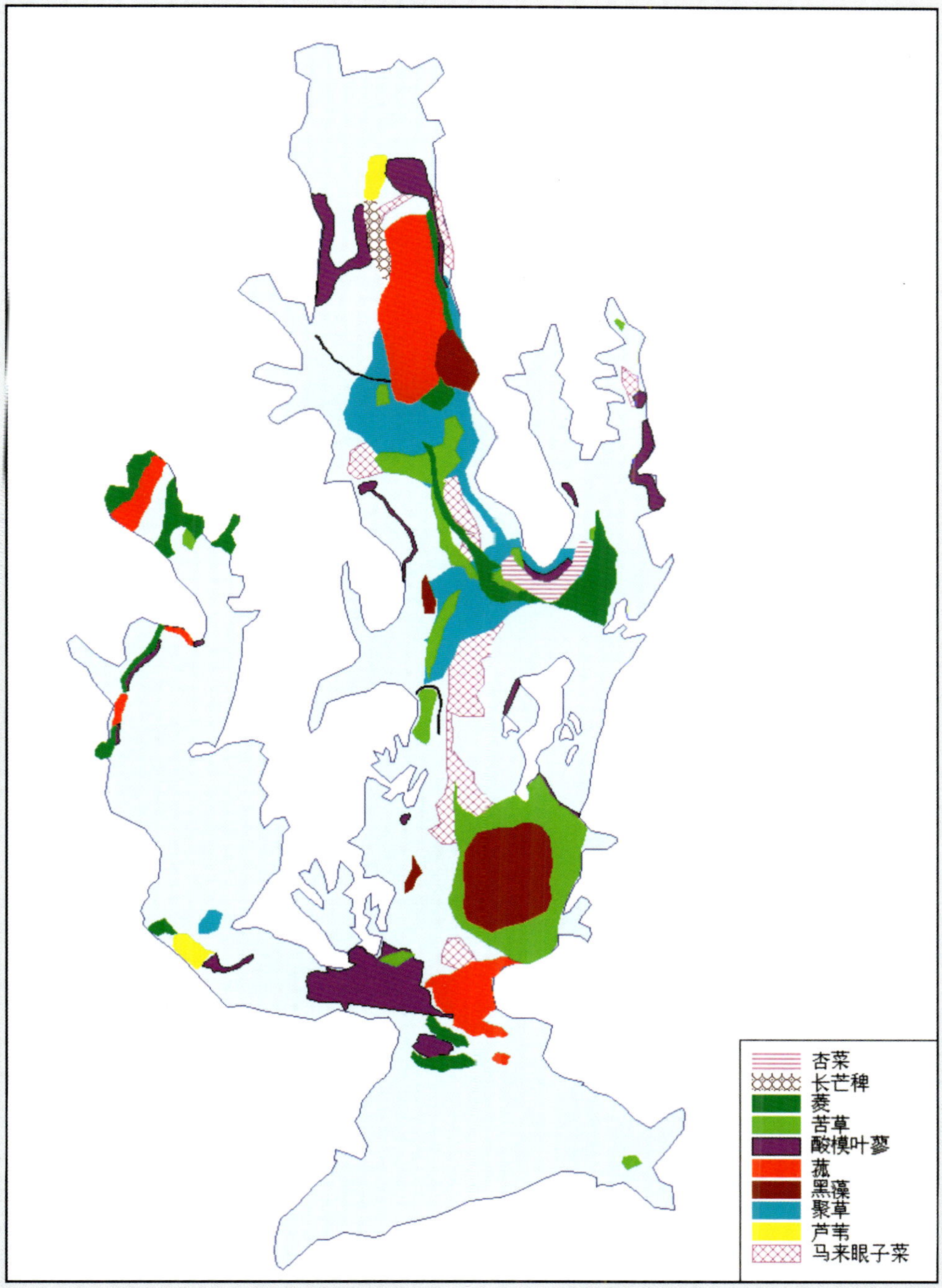

菜子湖8月份主要水生植物分布

图版XXI

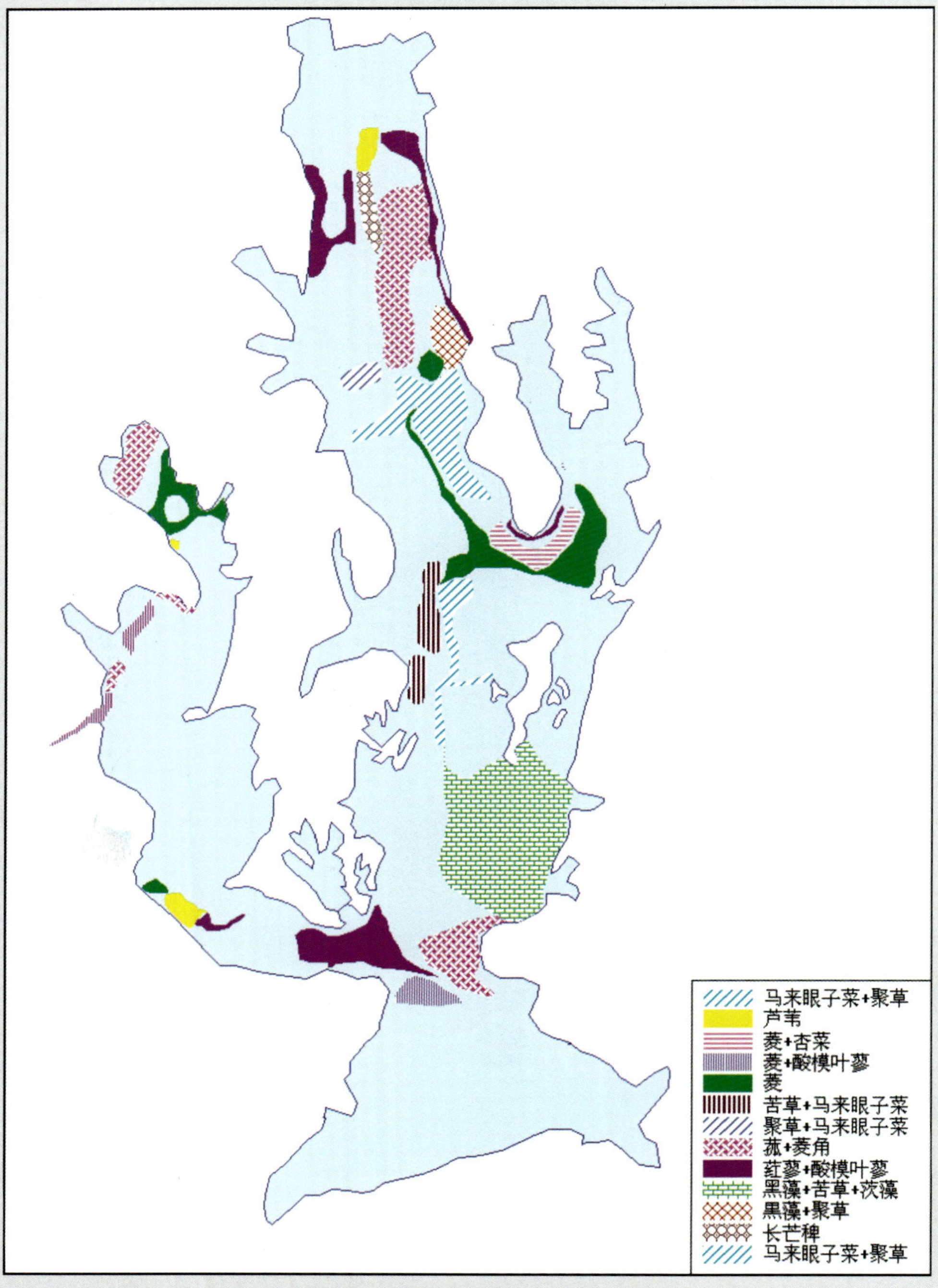

菜子湖8月份主要植物群落分布

1　中国—欧盟生物多样性安庆示范项目启动仪式暨安庆沿江湿地生物多样性管理委员会成立大会

2　中国—欧盟生物多样性安庆示范项目签字仪式

3　中国—欧盟生物多样性安庆示范项目中期报告会（朱文中提供）

图版XXIII

1　水鸟保护国际研讨会

2　王岐山教授给长江中下游湿地保护网络水鸟调查与监测培训班学员授课

3　生态渔业调研座谈会

4　参与式乡村评估调研活动（朱文中提供）